JN273796

日本農業市場学会研究叢書──⑮

日系食品産業における中国内販戦略の転換

大島一二【監修】

大島一二・菊地昌弥
石塚哉史・成田拓未　【編著】

筑波書房

目　次

第1章　本書の課題と構成 …………………………………………… 7

第2章　日系食品産業の中国展開の現状 …………………………… 11
　1．日系食品産業の中国進出の概要 …… 11
　2．進出形態 …… 13
　3．業務内容 …… 13
　4．進出地域 …… 14

第Ⅰ部　解題　日系農業企業の中国展開の共通点と対象市場の現段階 …17

第3章　高品質農産物の生産面での課題にたいする日系農業企業の取り組み
　　　　―朝日緑源による地域農家との連携と循環型農法の導入― ………22
　1．本章の課題 …… 22
　2．事例企業の概要 …… 23
　3．朝日緑源の事業展開 …… 24
　4．朝日緑源による中国での生産・販売にかんする利点と課題 …… 29
　5．小括 …… 31

第4章　中国における日系野菜輸出企業の内販事業への進出 ……………35
　1．課題と方法 …… 35
　2．背景と先行研究 …… 36
　3．D社事業の展開過程 …… 41
　4．D社内販事業の初期段階 …… 43
　5．小括 …… 48

第5章　上海市における中小企業の内販戦略の新展開
　　　　―ベジタベ社の事例― ··53
　1．本章の課題と視点 ······ 53
　2．事例企業の概要と業界を取り巻く環境の変化 ······ 55
　3．現体制における戦略の特徴と成立の背景 ······ 57
　4．考察 ······ 61
　5．小括 ······ 63

第Ⅱ部　解題　日系食品企業の中国展開と課題 ······································67

第6章　日系食品企業における中国国内での製品・販売戦略の展開
　　　　―Y有限公司およびX有限公司による1次原料加工品の事例を中心に― ······72
　1．本章の課題 ······ 72
　2．日系食品企業の原材料加工品における中国国内販売戦略の今日的展開 ······ 73
　3．小括 ······ 80

第7章　中国の日系食肉加工企業における対日輸出から中国内販へのシフト
　　　　―山東省NI社の事例― ··83
　1．本章の課題 ······ 83
　2．中国産畜産物の消費拡大と対日輸出 ······ 84
　3．事例企業における中国内販への取り組み ······ 85
　4．中国内販着手に伴って派生する課題への対応 ······ 89
　5．小括 ······ 93

第8章　企業のグローバル化と食文化交流
　　　　―キッコーマンの中国における食文化交流を中心に― ················98
　1．本章の課題 ······ 98
　2．キッコーマンのグローバル展開 ······ 98
　3．中国における食文化の国際交流 ······ 101

4．中国しょうゆ市場の実態 …… *105*
　5．異文化尊重と「本分」を重視した市場展開 …… *108*
　6．小括 …… *110*

第9章　食用油脂企業の海外戦略
　　　―F社の世界戦略の中での中国販売― ……………………………… *112*
　1．はじめに …… *112*
　2．F社の概要 …… *114*
　3．F社の海外展開 …… *118*
　4．中国国内事業について …… *122*
　5．小括 …… *130*

第Ⅲ部　解題　中国国内市場におけるmade by Japaneseの評価 ………… *135*

第10章　中国における「メイド・バイ・ジャパニーズ」スイーツの販売
　　　展開とその可能性―華東地域の事例を中心に― ……………… *140*
　1．本章の課題 …… *140*
　2．中国における洋菓子販売動向―上海市を中心に― …… *142*
　3．生ケーキ及び焼き菓子製造・販売店シェ・シバタの事例 …… *145*
　4．冷凍ケーキ製造販売会社ノーブルフーズの事例 …… *148*
　5．小括 …… *151*

第11章　外食企業のグローバル化と海外進出戦略
　　　―CoCo壱番屋の中国展開の事例― ……………………………… *154*
　1．本章の課題 …… *154*
　2．調査対象企業の概要と海外事業の展開 …… *155*
　3．CoCo壱番屋の中国展開と課題 …… *160*
　4．小括 …… *165*

第12章　日系外食産業の海外進出戦略—サイゼリヤの事例— ……… 168
　1．本章の課題 …… 168
　2．調査企業の概要 …… 169
　3．サイゼリヤの海外展開 …… 169
　4．サイゼリヤの経営戦略の特徴 …… 171
　5．小括 …… 176

第13章　大手冷凍野菜開発輸入業者の事業所給食事業への参入に関する考察
　　　　—山東省青島市の事例— ………………………………………… 179
　1．本章の課題 …… 179
　2．事例企業の概要と進出の契機 …… 181
　3．対象市場の状況 …… 183
　4．事業展開 …… 188
　5．小括 …… 192

第14章　まとめにかえて ……………………………………………………… 197

第1章

本書の課題と構成

　本書の主要な関心は，日系食品産業（以下，本書では農業企業・食品企業・外食企業・食品小売企業等を総称して「食品産業」とよぶ）の，中国をはじめとするアジア地域での経営戦略と経営展開を，主に事例調査に基づいて研究することである。

　周知のように，改革開放期（1978年～現在）の中国における経済改革による急速な経済発展は，中国経済・社会に大きな構造的変化をもたらした。

　その一つの象徴は，積極的な「開放政策」のもとで推進された外資導入である。多くの外資企業が，1990年代前後には，中国を安価で豊富な労働力の供給が可能な「世界の工場」として位置づけ，コスト削減と先進国向け生産基地形成を目的に，雪崩を打って参入した。この外資誘致政策は成功し，「世界の工場」は他に例のないほどの経済発展をとげた。安価な中国製品が世界市場を席巻したのである。食品産業もその例外ではない。多くの日系食品産業が中国の生産基地に進出し，大量の農産物・食品を生産，日本などの先進国に輸出を拡大していった。日本において，生鮮野菜，冷凍野菜，加工食品等の中国からの輸入が拡大したのも，まさにこの時期である。

　さらに，2000年代に至ると，1990年代の経済発展の成果により，中国人労働者の大幅な賃金上昇がもたらされ，中国社会には数億人ともされる膨大な規模の富裕層および中間層が形成され，「世界の市場」とよばれるほどの旺盛な購買力が生まれたのである。1990年代に中国に参入した外資企業が，この新たに勃興した「世界の市場」に注目したことはいうまでもない。この巨大な市場にいかに参入するか，どのような販売戦略をとるのか，現在でも，外資企業，中国企業を巻き込んだ熾烈な競争が繰り広げられている。

　こうした状況のなかで，日系食品産業もその主戦場での重要な一翼を担っている。本書の随所で紹介しているように，日本国内市場の縮小，日本農業

の不振,先行き不安などから,実に多くの日系食品産業が中国市場,台湾・香港市場,さらには東南アジア市場などに参入し,ある企業は成功し,また,ある企業は事業に失敗し,撤退を余儀なくされている。日系外食チェーンの上海地域での成功の事例,日系スーパーチェーンの山東省・広東省での急速な店舗展開などは,2000年代を代表する,日本外食業界,小売業界における大きなトピックであろう。

　こうした状況の中で,本書の書名は『日系食品産業における中国内販戦略の転換』とした。これは,本書の主要な研究対象である日系食品産業の中国における経営戦略が,まさに上述したような,中国経済の大きな転換の中で,自らも大きな戦略転換をとげつつある生の姿を報告しようとするものである。つまり,上述のように,1990年代に主流であった,従来の「中国を生産基地として位置づけ,販売先を日本等の先進国とする戦略」(以下本書では「輸出戦略」とする)から,「主要販売先を中国国内向け販売とする戦略」(以下,「中国内販戦略」とする)に大きく転換しつつあるのである。
　しかし,中国市場におけるこの「転換」には,日系食品産業が「日系」であるという性格から,二つのメリットとデメリットが,まさに「宿命的」にもたらされていることも事実である。
　つまり,①現在の中国では,日本食(和食)の需要が不断に増大し,また,より高品質の,より安全な食品・サービスが求められつつあることから,こうした製品・サービスを得意とする日本食品産業の活躍の場は格段に拡大しているという事実がある。ただ,同時に,中国の消費者のニーズも急速に多様化し,従来に増して食の安全や高度なサービスが求められつつある。また,賃金・物価の上昇は企業のコスト負担を増大させており,日本食品産業はこうした状況を踏まえて,これまでの成果に安住することなく,経営戦略の全面的な見直しが求められているのも事実である。
　②今ひとつの宿命は,いわゆる「チャイナリスク」の拡大である。代金回収の遅延,小売業参入の際の様々な「入場料」などの中国の特殊な商習慣に

加えて，近年の人民元高，日中関係の悪化など，日系企業が背負うリスクも増大している。こうしたリスクへの対応として，東南アジア諸国へ生産拠点を拡大する，いわゆるチャイナ・プラス・ワン戦略を進める企業も少なくない。本書においても，そうした事例についても意識的に紹介している。

日系食品産業は，まさに，この海外戦略の転換期に，いったいどのように対応し，どのような戦略をたてているのか。これが我々研究チームの共通の問題意識である。

そこで本書の目的は，中国などに進出した日系食品産業の内販戦略，経営戦略の転換に焦点をあて，一次資料と実態調査結果の分析を通じ，これら日系食品産業の現在の展開実態と，直面する課題を明らかにすることである。

本書の構成は以下の通りである。

本書は大きく分けて，3部（第Ⅰ部～第Ⅲ部）から構成されている。詳しい企業概要等はそれぞれの章を参照いただきたいが，いずれの章も，事例企業の中国，香港・台湾，さらには東南アジアでの活動を中心にまとめられている。

まず，第2章は，日系食品産業の中国等への進出の実態をマクロ的な統計で確認する。

続いて，第Ⅰ部では，「中国展開の共通点と対象市場の現段階」として，中国などで農業生産・販売を手がける日本企業の活動に注目している。

さらに，第Ⅱ部では，「日系食品企業の中国展開と課題」として，中国などで食品生産・販売を手がける日本企業の活動に注目している。

さいごに第Ⅲ部では，「中国国内市場におけるmade by Japaneseの評価」として，中国などで活躍する日系外食産業等に注目している。

我々研究チームは，ここ20年以上の時間，中国経済の変化と日系食品産業の活躍を眼前で見てきた研究者を中心に，大学院生らの若手の積極的な参加も歓迎している。専門の面からみても，農業市場論研究者のみでなく，現地

の状況に明るい中国経済研究者を加えて研究チームを組織した。

　また，現地調査においては，各担当者が，困難な現地企業調査を果敢に実施することを最低限の課題とし，さらに関係資料収集を行うことに努めた。実は，様々な事情から，本書には掲載できなかった企業調査の結果，調査に失敗した事例なども，枚挙に暇がない。それだけ，中国市場に参入する日系食品産業の企業数は多く，企業のスタイル，業種，経営方針も実に多様で，かつ，さまざまな困難に直面しているのである。

　2012年に至り，日中関係は一時かなり緊張した。そうした厳しい状況の中でも，多くの日系食品産業は中国などの現地で黙々と生産・営業を継続・発展させ，多くの関係者が活躍している。本書が，研究者だけでなく，日本の一般社会に日系食品産業の中国や東南アジアでの新たな展開を知らせる有益な機会となればと祈るものである。

　2015年3月31日

編者代表　大島一二

第2章

日系食品産業の中国展開の現状

1．日系食品産業の中国進出の概要

　本章では，日系食品企業による中国進出の実態を関連資料[1]のデータ等の分析により，検討していく[2]。とりわけ，進出年次，進出形態，業務内容，進出地域の4点を中心にみていくこととする（表2-1参照）。

　まず進出年次をみると，1990年代前半（90～94年）72社（20.7％）から2000年代前半（00～04年）まで進出件数が増加傾向を示している（1990年代後半（95～99年）97社（28.0％），2000年代前半112社（32.3％））。2005年以降は日本国内の景気動向の低迷や世界的な金融危機の影響もあり，進出件数は緩やかな増加に変化した[3]。

　1990年代前・後半に増加した要因は，日中両国からみた以下の点が指摘できる。日本側は，1980年代以降のプラザ合意後の円高が，食品企業の海外直接投資を誘発し急増させた。中国側は，1992年の鄧小平による南巡講話が改革・開放を進展させ，外資導入を目的に建設した経済開放地域によりインフラが整備され，投資環境として中国の位置づけを高めた点が影響している[4]。

　2000年代前半（00～04年）は，国産価格と中国産価格の内外価格差という労賃・原材料費の比較優位性のみでなく，2001年に中国がWTOへ加盟したことに伴い，世界的な貿易ルールが導入され，国際標準の取引が行える点，即ちビジネス環境の整備が進展することに期待し，この時期に対日輸出のみでなく，国内販売を見据えた日系食品企業も登場した[5]。

表2-1　わが国の食品企業における中国進出の構成

(単位：社, %)

		全体		上場		非上場	
		実数	構成比	実数	構成比	実数	構成比
進出年次	1969年以前	1	0.3			1	0.6
	1980～84年	1	0.3	1	0.6		
	1985～89年	13	3.7	9	5.0	4	2.4
	1990～94年	72	20.7	38	21.2	34	20.2
	1995～99年	97	28.0	42	23.5	55	32.7
	2000～04年	112	32.3	59	33.0	53	31.5
	2005年以降	38	11.0	28	15.6	10	6.0
	不明	13	3.7	2	1.1	11	6.5
進出形態	独資	202	58.2	85	47.5	117	69.6
	合弁	137	39.5	91	50.8	46	27.4
	合作	3	0.9	2	1.1	1	0.6
	不明	16	4.6	1	0.6	15	0.0
業務内容	農産物加工	134	38.6	60	33.5	74	44.0
	畜産物加工	13	3.7	10	5.6	3	1.8
	水産物加工	24	6.9	9	5.0	15	8.9
	複数にわたる加工	95	27.4	46	25.7	49	29.2
	本社機能・投資管理	10	2.9	9	5.0	1	0.6
	中国国内販売拠点	50	14.4	37	20.7	13	7.7
	不明・その他	21	6.1	8	4.5	13	7.7
進出地域	北京市	27	7.8	13	7.3	14	8.3
	天津市	15	4.3	6	3.4	9	5.4
	河北省	4	1.2	2	1.1	2	1.2
	内モンゴル自治区	2	0.6			2	1.2
	遼寧省	39	11.2	9	5.0	30	17.9
	吉林省	2	0.6	1	0.6	1	0.6
	黒龍江省	3	0.9	1	0.6	2	1.2
	上海市	88	25.4	52	29.1	36	21.4
	江蘇省	28	8.1	13	7.3	15	8.9
	浙江省	22	6.3	12	6.7	10	6.0
	安徽省	1	0.3		0.0	1	0.6
	福建省	11	3.2	7	3.9	4	2.4
	山東省	68	19.6	43	24.0	25	14.9
	河南省	5	1.4	3	1.7	2	1.2
	湖北省	0	0.0				0.0
	湖南省	1	0.3			1	0.6
	広東省	21	6.1	12	6.7	9	5.4
	海南省	1	0.3	1	0.6		
	四川省	5	1.4	2	1.1	3	1.8
	雲南省	2	0.6			2	1.2
	新疆ウイグル自治区	2	0.6	2	1.1		
	合　計	347	100.0	179	100.0	168	100.0

資料：21世紀中国総研編『中国進出企業一覧』(上場・非上場編), 蒼々社, 各年版から作成。

2．進出形態

次に進出形態⁽⁶⁾は，「独資」が202社（58.2％）と過半数を占めている。この形態の進出に企業数が集中している要因は，日系資本のみの経営であるために日本国内と同水準の生産ラインによる厳格な品質・集出荷管理を推進しやすい点が指摘できる。具体的には，①1990年後半から発生した残留農薬問題の影響を受け，中国産食品の安全性や信頼回復のために自社による関連事業の管理を徹底して行う必要性が高まった点，②進出企業数の増加に伴い現地での企業間競争が激化しており，製品差別化を図る企業が登場した点が指摘できる[7]。それ故に以前は日中双方が出資する「合弁」137社（39.5％）が多かったが，現状では前述の理由から「独資」へシフトしたのである。

3．業務内容

次に業務内容をみると，「農産物加工」134社（38.6％）に集中しており，次いで「複数に渡る加工」95社（27.4％）となっている。この2部門と比較すると，「畜産物加工」13社（3.7％），「水産物加工」24社（6.9％）は少数である。更に以前は稀少であった「本社機能・投資管理」10社（2.9％）および「中国国内販売拠点」50社（14.4％）という企業も存在している。「本社機能・投資管理」が主要業務の企業は，出資元が上場企業や大手総合商社との共同出資（又は業務提携）というケースが主流である。また，「中国国内販売拠点」に関しては，上場企業[8]37社（20.7％）の全てに「本社機能・投資管理」が存在していた。販売品目は，飲料・酒類，菓子，調味料が中心である。

4．進出地域

　最後に進出地域をみると，21省市区と中国の全省市区における70.0％を占めているが，地域別の進出企業にみると，「上海市」88社（25.4％）が最も多く，次いで「山東省」68社（19.6％），「遼寧省」39社（11.2％）となり，沿岸地域に集中している。この地域に進出している企業数は，全体の2/3以上（84.2％）を占めている。前述の地域に日系食品企業の進出が集中した要因は以下の通りである。①沿海部に立地しているため，日中間の輸送が他地域よりも短期間で行える点，②経済開放地域[9]が多く存在しており，進出当初に外資系企業対象の税制優遇制度（免税・減税）を享受できた点に加え，港湾設備や高速道路等の物流環境が整備されていた点，③「上海市」に関しては，経済の中心地であり，前出の「本社機能・投資管理部門」の進出が多く，それに関連して他地域よりも経済水準が高く「中国国内販売拠点」の進出も多い点，④「山東省」に関しては自然条件に恵まれ，豊富な生産量を背景に野菜を中心に安定供給が可能であることに加え，多種多様な品目の原料調達が円滑に行える点[10]が指摘できる。

注
（1）今回分析に用いた資料は，『中国進出企業一覧』（上場会社編・非上場会社編）の各年版である。この資料の特徴は，多数の企業から得られたアンケート調査結果を基礎に中国進出日系企業の実態について取纏めた点にある。こうした大規模な企業調査を我々日本人の研究者が中国において実施するのは非常に困難であり，その結果は貴重な成果と考えられる。本章では，主要な業務内容を食品の製造・販売を主とする企業（該当企業347社，その内上場企業179社，非上場企業168社）の関連データを中心に分析を行う。
（2）本節は，石塚哉史「日系食品企業における中国国内向け販売戦略の今日的展開」『農業市場研究』第20巻第2号，日本農業市場学会，40～45頁，2011年をベースに加筆・修正し，再構成したものである。
（3）2005年以降は，2007年次までの3ヵ年のデータのみ収録であるが，2000年代前半の毎年20件程度の進出件数というペースよりは少ないため，緩やかな増加

(4) 青木他 [1] 参照。
(5) 渡辺利夫他監修 [7] 参照。
(6) 外資系企業の中国進出の形態は，①「独資」（外資系企業が，100％出資する形態），②「合弁」（外資系企業が中国系企業と共同出資する形態），③「合作」（技術提携および買付等を目的とした資本関係が存在しない形態）。詳細は，稲垣 [4]，石塚・大島 [3] を参照。
(7) 石塚 [2] 参照。
(8) 本稿における「上場企業」は有価証券報告書提出を義務づけられている企業を，「非上場企業」は有価証券報告書提出を義務づけられていない企業を指している。
(9) 日系食品企業が多く進出している「経済開放地域」は，経済開放区と経済技術開発区がある。前者は対外開放推進のため沿海開放地帯内に設置され，外資系企業対象に企業所得税の優遇税率を実施している。後者は，臨海工業・港湾都市を中心に立地し，外資・技術の導入が目的であり，前者の優遇措置に一定期間の課税猶予期間，海外送金・輸入設備等免税措置等が適用される。
(10) 石塚 [2]，王 [5]，陳 [6] 参照。

参考文献
[1] 青木健・馬田啓一編『日本企業と直接投資』勁草書房，1997年
[2] 石塚哉史「加工食品輸出企業の課題」『農業市場研究』第64号，2006年
[3] 石塚哉史・大島一二「日系漬物企業の中国進出と原料調達の現状」『1998年度日本農業経済学会論文集』日本農業経済学会，1998年
[4] 稲垣清『中国進出企業地図』蒼々社，2002年
[5] 王海平「中国山東省における野菜の加工生産及び日本商社によるその輸入」『開発学研究』第52号，1999年
[6] 陳永福『野菜貿易の拡大と食糧供給力』農林統計協会，2001年
[7] 渡辺利夫・21世紀政策研究所監修・杜進編『中国の外資政策と日系企業』勁草書房，2009年

（石塚　哉史・大島　一二）

第Ⅰ部　解題

日系農業企業の中国展開の共通点と対象市場の現段階

　日本産農産物・食料品の輸出が思うように進展していない。この実態は農林水産省が2007年に掲げた「21世紀新農政2007」において輸出額を2013年までに1兆円とする目標を立てたものの，その達成目標年度を2020年に延長していることからも明らかである。

　それはもともと国際的に高い日本の農産物が輸送費用をかけて輸出され，しかも輸出先国で関税がかけられることによってさらに割高になることや，海外に拠点を設けていないケースが多く，現地のニーズに適合したマーケティング活動がなされていないこと，そして中国をはじめとする一部の輸出先国では病害虫の問題や安全性の問題を理由に検疫措置で輸入を認めていないこと等，要因が複数存在しているからである。

　こうしたなかで注目されているのが，海外現地法人の設立である。すなわち，海外で法人企業を設立し商品を製造・販売することによって上述の課題の解決を図るという方法である。この取り組みは農林水産省が『食料・農業・農村白書』等で言及する食文化，食品産業のグローバル展開において「Made by Japan」として位置づけられており，わが国として重視すべき対応のひとつに掲げられている。

　経済産業省「海外事業活動基本調査」をみると，日系の海外現地法人数は増加しており活発化していることが把握できる。とりわけ中国において顕著であり，2001年から2011年の期間にかけて全業種で1万2,476社から1万9,250社へと増加するなか，実にこの54％を占めた。

　本書の第Ⅱ部で対象としている食料品製造業に着目し中国に進出した企業の売上金額をみると，同期間にかけて1,348億円から8,446億円へ増加しており，順調に推移している様子を理解することができる。しかし，これに対して本書の第Ⅰ部で対象としている農業部門については，同統計資料で「農林漁業」

第Ⅰ部

の区分になっているが，直近のデータである2011年度の売上金額が明記されていないうえ，対象となっている企業数もわずか6社と少なく，この内容からだけではどのような状況にあるのかを把握することができない。また，同様に先行研究も極めて少ない。そのため，まずは事例を個別に積み上げることによって事業展開の特徴や市場動向の現段階等の基本的な実態を把握する必要がある。

そうしたなか，本書ではこのことに関して生産技術や販売方法などマーケティング活動上で特長を有した企業に着目している。すなわち，一般的な商品を廉価販売することを戦略上の中心においている企業は対象としていない。これはわが国では高付加価値商品の輸出を念頭においておりその延長上を意識していることもあるが，それよりもこのことが中国での国内生産国内販売（以下，内販）で日本企業の強みとなると考えているからである。

ただし，いうまでもないが，特長ある商品であっても現地で売上の拡大を実現することは決して容易ではない。それは異国で顧客のニーズを把握することが困難であることはもちろんのこと，品目特有の事情や現地の商慣習等の業界を取り巻く環境やその変化への対応など配慮すべき点が多数存在しているためである。こうしたことから，本書第Ⅰ部では一定の生産技術を有し高品質な商品を生産する農業部門の企業を対象に，これらのことをなるべく意識しながら事業展開の特徴や市場動向の現段階の把握に努めた次第である。第Ⅰ部に属する各章の要諦は次の通りである。

第3章では，日本を代表する飲料メーカーのグループ企業が日本のノウハウに基づいた農産物の生産を大規模に展開している事例を取り上げている。高品質な農産物を生産するには地力低下や団粒構造の劣化等の生産基盤に関する課題を解決しなければならないが，この事例からは循環型の農法を取り入れることで克服している点，また同課題を克服し高品質な商品の生産に早い段階から着手することで中国の主要な都市において特徴的な商品を先駆的に投入することが可能となり，それによって内販が順調に推移している点が明らかにされている。このような成果を得ることができたポイントは，地元

政府や周辺農家と連携を行うことができたことにあった。

　第4章では，有機野菜の内販に先駆的に取り組んだ日系の野菜輸出企業を取り上げている。この事例企業は日本向けとタイ向けに輸出してきたノウハウを生かして国際的な有機認証を取得し，安全性の高い野菜を中国国内向けに高値で販売することに成功しており，収益も黒字化している。また，日本向けタイ向けの輸出も堅調に推移している。第2章の事例と同様の事業展開をみせている。内販でこうした成果を得ることができたのは，蓄積した顧客データを考察しニーズや属性を明らかにするとともに，それに沿って生産体制を構築したこと，そして顧客が多く居住する地域に店舗および物流拠点を構えることで営業力と効率性を向上させることができたからであった。

　第5章では，上海市を中心に高品質な野菜の内販を行う中小規模の日系企業の事例を取り上げている。この事例企業では業界を取り巻く環境が厳しくなるなか，既存の事業については値上げと取引先の集約化を行いながらも一定の規模を維持し，そして新規に日系企業間取引と中国人向けの販売を強化することによって売上と収益の拡大を実現している。これには顧客ニーズを捉えるためにリサーチ方法を強化したことと安定供給のための対策を強化したことが成功要因となっていた。

　各章の内容を踏まえ，最後に内販を行う日系の農業企業の事業展開の特徴と市場動向の現段階について簡単なとりまとめを行いたい。

　第1に，事業展開の特徴として現地情報に明るい企業といえども段階的に商圏を広げている。第Ⅰ部で取り上げているすべての事例は，もともと中国で日本向けに輸出事業を行う等の経験があり現地情報に明るいという特徴を有している。これらの企業はその大半が最初に進出した山東省等の地方都市で内販に着手し，それから一定の期間を経て中国最大の商圏である上海や北京といった大都市に商圏を広げている傾向にある[1]。これは土地勘や人脈がある地域であれば，現地情報の入手が比較的容易あり事業も行いやすいのでまずはそこで経験を積み，それから本格的に事業規模を拡大するために大きな商圏へ参入するという行動が反映されていると推測される。

第2に，すでに現地の市場は成熟期を迎えている可能性がある。すべての事例に共通しているのは，高品質な商品を取り扱い，価格も高値で販売し，さらにはある程度事業が成功していることである。こうした点を踏まえると，中国に進出し日本式のノウハウに基づいて商品を生産すれば比較的容易に事業が成功するように感じるかもしれない。だが，実はそうではない。第5章の内容にあったように最大の商圏と位置づけられる上海市において，事例企業は市場深耕を目指すのではなく他地域での展開を想定している点や競合企業との品質面での同質化問題に直面している点，そして第4章の事例でも黒字化に至るまで事業開始から6年を有している点等を踏まえると，競争が激化しており既に成熟した段階にあると推測される。さらには，第5章で言及されているように小売側から要求されるリベートや資材の価格も上昇しており，業界を取り巻く環境も厳しくなっている。今後，中国において所得がさらに上昇しそれに伴って高品質な農産物に対するニーズも増加する可能性は多分に存在するが，現時点で進出を検討する企業では上記の市場動向や業界を取り巻く環境の厳しさを念頭に置く必要がある。また，これから内販の企業行動に関する研究を行う際にもこれらの変化を踏まえながらその実態を調査していく必要がある。

　第3に，成熟期を迎えていると考えられるにもかかわらず，本書で取り上げた事例企業が一定の成果を収めているのは，上述の各章の要諦にあるように対象市場の動向を捉え，それに沿って事業展開（企業行動）を大胆に変化させているからである。こうした取りまとめはやや平凡かも知れないが，それであっても各事例企業からはこのことについてある程度共通する事業展開を垣間見ることができる。市場動向を捉えるにあたっては，現地情報に明るい企業であっても，第4章では自社販売データの考察，第5章の事例では顧客ニーズを把握するためのリサーチ方法の強化といった行動がみられるように，情報入手のためにそれぞれ対応を駆使している。その結果，現地在住の日本人を主たる顧客としていた状況から中国人にも対象を広げ，それに合わせて企業行動も変化させていることも共通してみられる。また，抱える課題

への対応や効率的な営業を行うにあたって，企業単独で行うよりも効果を発揮しそうな場合には日系企業間で協力し合っている実態が第Ⅰ部で取り上げたすべての企業で確認される。この事業展開は内販にあたって日本企業がシナジーを発揮させ相互に競争力を強化する可能性が高いだけに注目される事項と位置づけられる。そのため，ネットワークのつながりの広さや強さの程度，そして，その成果の詳細およびネットワーク内部に入るための条件等について今後研究を深めていく余地があると考えられる。

第4に，成功を収めている企業は資金面に恵まれた大規模なものに限定されている訳ではないが，大企業であるからこそ地方政府とのつながりができ，それによって個別企業の努力だけでは容易に対応できない大きな問題が解決されている（第3章）。この実態は内販の生産部門の段階において特徴的な事項であり，研究を深く掘り下げていくうえでもそうであるし，大企業が内販に参入する際にも看過できない視点と考えられる。ただし，地方政府との連携にあたり，本書では規模以外の事項には触れていないだけでなく，規模そのものについてもどの程度であれば対象となるのかについても深く考察していない。これらのことを調査することは決して容易ではないと思われるが，今後の研究に期待したい。

以上が本書第Ⅰ部の考察を通して得られた知見である。調査の難しさや紙幅の制約もあり実証の面でデータが不足しているところや考察が不十分なところも存在するが，本書第Ⅰ部では企業の実名を公表している章が多いのでそうした部分については我々研究チーム以外の研究者にもぜひ参加頂き，検証を試みて貰えれば幸いである。そうすることで上記の知見が今後の研究に生かされるであろうし，本研究分野も発展していくことになるだろう。

注
（1）ただし，第5章の事例は最初に上海に進出していたため，この逆の傾向が確認される。

（菊地　昌弥）

第3章

高品質農産物の生産面での課題にたいする
日系農業企業の取り組み
―朝日緑源による地域農家との連携と循環型農法の導入―

1．本章の課題

　中国では急速な経済成長に伴い，農村部と都市部との格差問題が徐々に拡大し，問題が深刻化する一方で[1]，都市部では高所得者層が急速に増加している。こうして形成されつつある都市部の高所得者層は，高品質，食品安全に敏感であり，高品質で安全が確保された農産物への需要が高まりつつある[2]。このような中国国内における高品質農産物需要の高まりを受けて，一部の日本企業は新たに現地で農業生産法人を設立することにより，中国国内の消費者を主な対象として農産物を供給し始めている。

　中国で事業展開している農業生産法人における現地生産・現地販売への着手は，日本の食品産業の事業展開の新たな方途の一つとして，今後，さらに重要になることが予想される。しかし，中国国内販売の拡大においては，よく伝えられる販路の開拓，販売代金の回収における困難などの問題だけではなく，日本と異なる農業生産条件と問題（例えば，本章で言及する，地力低下，水資源の不足，過度の化学肥料・農薬依存など，多くの課題が存在する）を抱える中国において，農産物の生産体系そのものを改編，再構築していかなければならないといった課題も存在していることも事実である[3]。

　このような状況下で，周辺農家との連携の下での環境に配慮した農業生産体系の構築といった本章の事例企業の取り組みは，重要な示唆を与えるだろう。現在の中国では，化学肥料と農薬の多投により地力低下や団粒構造[4]の劣化などの面で問題を抱えている農地が少なくなく，これらは，現地での

第3章　高品質農産物の生産面での課題にたいする日系農業企業の取り組み

農産物生産を進める上で不可避の課題といえるからである。

　そこで，本章では，中国において政府や周辺農家と連携することで日本のノウハウに基づく農産物の生産拡大を図っている山東朝日緑源農業高新技術有限公司と山東朝日緑源乳業有限公司（以下，両社を総称して「朝日緑源」と称す）を事例に，両社における事業展開の利点と課題について明らかにする。なお，上記2社については独立行政法人農畜産業振興機構編［11］などにおいても両社の事業展開が言及されているが，農地集積や環境に配慮した農業生産体系の構築に伴う課題についてはほとんど述べられていない。本章ではこれらの点を中心に考察したい。

2．事例企業の概要

　本章で事例とするのは，山東省莱陽市に拠点を置く前掲の「朝日緑源」2社であり，山東朝日緑源農業高新技術有限公司は野菜，苺の生産事業と酪農事業を担い，山東朝日緑源乳業有限公司は牛乳の加工・販売を担っている。前者は2006年にアサヒビール，住友化学，伊藤忠商事の共同出資[5]で，後者は，2008年にアサヒビールと伊藤忠商事の共同出資[6]で，それぞれ設立された。従業員数は両社合計で2013年の時点では日本人社員4人，中国人社員91人，パート従業員144人となっている。農場は約1,500ムー（約100ha）で，全て山東朝日緑源農業高新技術有限公司の直営農場である。また，山東朝日緑源乳業有限公司の牛乳加工工場の面積は2,380㎡で，生産能力[7]は約7トン／日である。

　朝日緑源が設立された背景には，2003年に当時の山東省政府書記とアサヒビール相談役が会談し，同書記が三農問題解決のために，日本企業による農業経営モデルの導入を要請したことが挙げられる。その後，2005年に莱陽市沐浴店鎮に農場を開設することが決定され，2006年には野菜の生産が，2007年には苺の生産と酪農事業がそれぞれ開始された。

　野菜については，初年度から生産されているスイートコーン（栽培面積

3.5ha, 2010年の生産量18トン) をはじめ, 小麦 (同19ha, 990トン), 大根 (同8ha, 600トン), ミニトマト (同0.4ha, 14トン), アスパラガス (同0.15トン, 7トン), 薬草[8] (同4.6ha, 1トン), さらに酪農部門での飼料として使用されるデントコーン (同20ha, 2,905トン) などが生産されている。また, 上記品目の他に, ほうれん草, にら, じゃがいも, たまねぎ, 里芋など14品目の野菜が試験的に栽培されている。苺については日本品種の女峰[9]を生産しており, 温室面積は1.4haで, 年間生産量は40トンである。

酪農部門における乳牛の飼養頭数が順調に増加していることから[10], それに伴い牛乳の生産・販売量も, 2007年950トン, 2008年3,280トン, 2009年4,300トン, 2010年5,338トン, 2011年5,801トンと順調に増加している。この間, 朝日緑源の牛乳販売が順調に拡大できた要因としては, ①これまで, 中国市場においては常温保存が可能であるLL牛乳が主であり, 朝日緑原が供給する高品質のチルド牛乳が少なかったこと, ②2008年のメラミン混入事件の発生で, 消費者には牛乳の品質に対する根強い不信があり, 高品質な牛乳に対して強い需要が存在していること, などが挙げられる。これらの要因から, 今後も朝日緑源の高品質なチルド牛乳に対する旺盛な需要が期待できるものと考えられる。以上より, 生産量からみると, 朝日緑源において酪農及び牛乳の生産が主力事業と捉えることができる[11]。

朝日緑源では, 生産された農産物は全て中国国内で販売されるため, これまでの日本企業による開発輸入の事例のように日本へ輸出されることはない。中国での生産販売に特化している朝日緑源の事業展開は, 日本のノウハウで生産された農産物の中国国内販売という点から, これまでほとんど例を見ない重要な生産拠点と位置付けることができよう。

3. 朝日緑源の事業展開

朝日緑源が設立された背景を考慮すると, 事業の継続・拡大を図るポイントは, ①中国の高所得者層にPRできる高品質農産物の供給と, ②周辺農家

第3章　高品質農産物の生産面での課題にたいする日系農業企業の取り組み

との連携による新たな地域農業システムの構築の2点であると考えられる。そこで以下では，これらの課題に対する朝日緑源の取り組みについてみていく。

1）高品質農産物の生産・販売

（1）高品質農産物生産における日本のノウハウの導入

　山東省莱陽市周辺では，中国の他の地域がそうであるように，生産者には減農薬・有機栽培に関するノウハウが大きく不足している。これは，改革・開放政策実施以降の中国農業においては，過度に農薬と化学肥料に依存し，有機肥料の投入が欠如した生産技術が行われてきたためである。しかし，近年中国においても，とくにメラミン混入事件以降，食品の安全に関わる消費者の意識が高揚しつつあり，農業者の意識と消費者（とくに高所得階層の消費者）の意識には大きな乖離が存在する。そのため，朝日緑源では日本人従業員が中心となって，中国国内で採用した従業員に対して減農薬栽培，有機肥料の生産と投入についての指導を強化している。さらに，人的育成のみならず生産設備についても各所に日本の技術を導入している。例えば，苺やミニトマトの温室栽培にあたっては，日本での技術を参考にして中国の環境に適したビニールハウスを独自に設計し使用している。現在，朝日緑源ではビニールハウスの改善にも取り組んでおり，同社所有のビニールハウスは試験的に様々な形式のものが用いられている。また酪農部門においても，各飼養牛に対してICタグとコンピュータによる個体管理の徹底や搾乳・繁殖管理を行っている。

　これら日本のノウハウに基づいた生産体系の構築と運営のため，朝日緑源は必要に応じて日本から農業技術者を招聘している。

（2）中国国内販売における販路拡大

　先述のとおり，朝日緑源は自社農産物を輸出していないため，中国国内における販路をいかに拡大するかは，自社の農産物販売を継続・拡大できるか

否かの重要な鍵となる。そこで，朝日緑源が，主な生産品目である牛乳を中心に，自社農産物の販路をどのように拡大させているのかについてみてみよう。

朝日緑源では自社配送車で牛乳や野菜，苺を輸送している。輸送先は主に上海市，北京市，山東省内となっており，その中でも上海市が5割を占めている。これは，上海市などでは朝日緑源の農産物の消費者となり得る高所得者層や外国人消費者が多く存在するためである[12]。朝日緑源は牛乳の販売について，高級スーパーと直接取引するとともに，小規模小売店に対しては問屋を介することで販売している。また販売価格については，中国資本のメーカーによる牛乳と比較すると，やや高価格となっている[13]。これは新技術の導入に相応した経費が必要になっているためである。朝日緑源では大規模な高級小売店だけではなく小規模小売店にたいしても販売先を拡大しており，多角的な販路開拓に努力していることが分かる。

2）周辺農家との連携による新たな地域農業システムの構築

（1）周辺農家の優先的雇用

朝日緑源は莱陽市政府と沐浴店鎮政府の支援を受けて，約660戸の農家と賃貸契約を結ぶことで農地を集積した。契約期間は20年間で，地代は年間800〜1,000元／ムーである[14]。また，農地集積後も農場での作業人員の確保のため，朝日緑源は農地の元使用権者や周辺農家を優先的に雇用している。朝日緑源の現地採用従業員のうち，社員62人（総員数の68％），パート従業員140人（同97％）が周囲の農村を中心とした莱陽市民である。さらに，作業人員のほとんどが50代以上の中高齢層となっている。言うまでもなく，これらの年齢層の就業機会は若年層よりもさらに限定されている。すなわち莱陽市の周辺農家にとっては，朝日緑源の創業により大きな雇用創出と地代収入の獲得がもたらされたと言えよう。

第3章　高品質農産物の生産面での課題にたいする日系農業企業の取り組み

(2) 飼料用作物の調達

　創業当初の朝日緑源における農産物生産は試験的生産という側面も強いことから少量多品目生産が指向されてきた。それゆえ，酪農事業で使用するデントコーンなどの飼料用作物の需要にたいして自社内だけでは十分な量を生産することが困難になっている。そこで，朝日緑源は莱陽市内の23農家と契約することで，これらの農家から飼料用作物を調達し，地域との連携を強化している。酪農事業における飼養牛頭数の増加に伴い，契約農家からのデントコーンの購入量は，2006年2,921トン，2007年1,722トン，2008年4,699トン，2009年10,225トンとなっており，2007年に天候不順のため一時的に減少したものの，概ね増加傾向にある。さらに，りんご粕や豆腐粕など加工残渣も飼料として調達している。とくに，2009年に注目すると，朝日緑源が自社で生産した飼料用作物はデントコーン901トン，小麦118トン，大根26トンとなっており，酪農事業で使用する飼料の約9割が契約農家から調達したものである。このことから，朝日緑源の酪農事業の経営維持には契約農家との連携が不可欠となっていることが分かる。

(3) 循環型農法を中心とした生産体系の構築

　朝日緑源では，野菜生産と酪農，牛乳生産，堆肥生産などの各部門が連携することによって，自社内で循環型農法を構築しつつある。循環型農法の構築が指向される背景には，前述したように，①これまでの中国の慣行農業生産体系は化学肥料や農薬に大きく依存したものであり，これらの過剰投入によって土壌成分や団粒構造が劣化していること，②中国の消費者においても食品安全への意識が高まっており，中国国内において農産物の販売拡大を図る場合，生産段階で化学肥料や農薬の使用量を削減する必要があったことが挙げられる。これらは，山東省政府からの要請内容になる三農問題の解決にも則しており，朝日緑源にとっては，たんに中国の消費者の需要に合致した農産物を供給するためだけではなく，地元政府の要請に応えるためにも循環型農法の構築が必要だったと考えられる。

第Ⅰ部

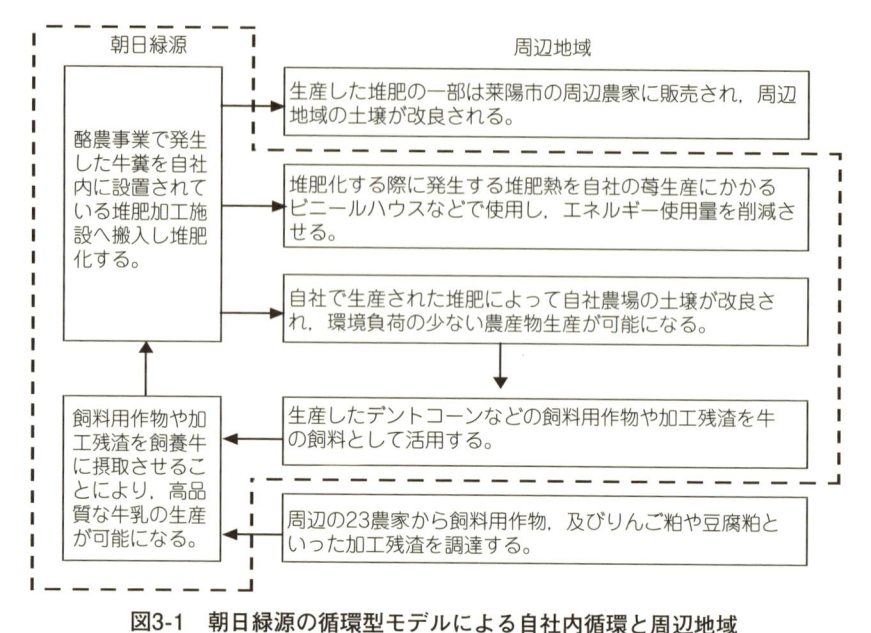

```
┌─────────────┐                      ┌─────────────┐
│  朝日緑源   │                      │  周辺地域   │
└─────────────┘                      └─────────────┘

┌─────────┐      ┌──────────────────────────────────┐
│         │─────▶│生産した堆肥の一部は莱陽市の周辺  │
│酪農事業で│      │農家に販売され，周辺地域の土壌が  │
│発生した牛│      │改良される。                      │
│糞を自社  │      └──────────────────────────────────┘
│内に設置さ│      ┌──────────────────────────────────┐
│れている堆│─────▶│堆肥化する際に発生する堆肥熱を自社│
│肥加工施設│      │の苺生産にかかるビニールハウスなど│
│へ搬入し堆│      │で使用し，エネルギー使用量を削減さ│
│肥化する。│      │せる。                            │
│          │      └──────────────────────────────────┘
│          │      ┌──────────────────────────────────┐
│          │─────▶│自社で生産された堆肥によって自社農│
│          │      │場の土壌が改良され，環境負荷の少な│
└─────────┘      │い農産物生産が可能になる。        │
     ▲            └──────────────────────────────────┘
     │                              │
┌─────────┐      ┌──────────────────────────────────┐
│飼料用作物│      │生産したデントコーンなどの飼料用作│
│や加工残渣│◀─────│物や加工残渣を牛の飼料として活用す│
│を飼養牛に│      │る。                              │
│摂取させる│      └──────────────────────────────────┘
│ことにより│      ┌──────────────────────────────────┐
│，高品質な│      │周辺の23農家から飼料用作物，及びり│
│牛乳の生産│      │んご粕や豆腐粕といった加工残渣を調│
│が可能にな│      │達する。                          │
│る。      │      └──────────────────────────────────┘
└─────────┘
```

図3-1　朝日緑源の循環型モデルによる自社内循環と周辺地域

資料：朝日緑源の資料と同社におけるヒアリング調査により作成。
注：破線内の部分は朝日緑源内での取り組みを表している。

　朝日緑源が構築しつつある循環型農法とは**図3-1**のとおりである。朝日緑源は自社で堆肥加工施設を所有しており，酪農部門で発生した牛糞は同施設に搬入され堆肥として加工される。その後，堆肥は自社農場で使用されるだけではなく，周辺農家にも販売されており，自社農場と周辺地域の土壌が堆肥によって改良される。この取り組みの効果として，朝日緑源内では自社農場における化学肥料の投入量の削減，また，地域の契約農家においても堆肥の供給によって，化学肥料の削減と土壌改良が促進されていることが挙げられる[15]。また，堆肥化の際に発生する堆肥熱については，自社での苺生産にかかるビニールハウスや酪農事業における搾乳設備の洗浄の際の熱源として使用されている。その結果，朝日緑源ではエネルギー使用量を削減することも可能になっている。自社製堆肥と減農薬栽培で生産したデントコーンな

第3章　高品質農産物の生産面での課題にたいする日系農業企業の取り組み

どの農産物や加工残渣は，周辺農家からの調達分も加えて酪農部門で牛の飼養に再び活用される。

　朝日緑源の循環型農法は各部門が連携しているだけでは規模が小さいことから，同社は周辺の農家からの飼料用作物と加工残渣の調達で補っている一方で，生産した堆肥を農家に販売している。つまり，両者間には双方向の連携が成立していると言える。また，朝日緑源の飼養頭数も増加傾向にあることから，地域農業を舞台とした循環型農法モデルの構築が進んでいると考えられる。

4．朝日緑源による中国での生産・販売にかんする利点と課題

　これまでみてきた朝日緑源の中国における農産物生産・販売の取り組みの利点と課題について整理したい。

1）農地集積と生産体系にみられる利点

　まず，朝日緑源による取り組みの利点について述べると概ね以下のような点に集約できるだろう。

　第1に，政府と連携することにより農地集積を円滑に進めた点である。中国の生産者の平均耕地面積は0.15ha／人であり，日本の0.66ha／人よりもかなり零細である[16]。しかし，朝日緑源は，莱陽市政府などと連携し，多数の農家と円滑に賃貸契約を結ぶことでこの課題を解決している。朝日緑源は直営農場として一定規模の農地を集積することができたため，同農場では需要に応じて複数品目の生産が可能になっている。

　第2に，循環型農法による土壌改良と現地採用従業員に対する技術的指導によって，環境に配慮した生産体系の中での高品質農産物の生産が可能になっている点である。冒頭で述べたように，中国の経済発展に伴う都市部を中心とした消費者の所得向上により，中国国内販売の拡大を図る上で安全・高品質農産物の供給は不可欠になる。そして，それらの阻害要因として，現在

の中国農業では，化学肥料や農薬の過剰投入による土壌成分の悪化が挙げられるが，朝日緑源は自社内で循環型農法モデルを確立することで，直営農場における上記課題の解決に積極的に取り組んでいる。

2）現地での生産・販売において残された課題

しかし，現地での生産・販売を継続・拡大するには次のような課題も指摘できる。

（1）輸送・販売の効率化

朝日緑源の自社配送車による輸送は，輸送過程における温度・湿度設定などの管理を自社で把握できるという利点がある反面，第三者物流と比較するとコストがかかるという点も指摘できる。なぜなら，出荷・販売に特化して使用する場合，輸送した後の復路については，朝日緑源にとって消費地から同社へ輸送する物がないことから空車で帰社することになるためである。また，輸送先として上海市が大きなシェアを占めていることから，今後，上海市だけではなく，朝日緑源から近距離の山東省内の市場もさらに開拓する必要がある。そのために，省内の消費者にたいして宅配事業などで複数の商品をセットで販売するといった取り組みも求められよう[17]。

（2）循環型農法モデルの効率的運用

朝日緑源による現地生産は，中国の三農問題の解決に寄与することが前提となっており，同問題の解決には，より広範囲の地力を回復させ地域内の農業生産力を向上させることが必要となる。しかし，自社外の農場での土壌改良は未だ十分ではないと推測される。なぜなら，循環型農法モデルによって生産される堆肥については，現状ではその大部分が朝日緑源内で使用されているからである。生産された堆肥のうち，自社農場への供給は2007年から2009年まで年間3,000トン前後で推移しているのに対して，契約農家への供給は数百トン程度と未だ地域の土壌改良を大きく推し進める数量には至って

いない。よって，朝日緑源を中心として地域の土壌改良を図る場合，自社内での飼料生産の拡大もしくは周辺農家からの調達量を増加させ，同時に乳牛飼養頭数も増加させ，長期的に牛乳生産と堆肥生産を拡大させることが必要になる。とくに飼養頭数の拡大は，朝日緑源の経営全体の改善にも直結し，大きな課題となる。莱陽市政府などを介しての約660戸の農家との賃貸契約期間は20年と定められており，中国での生産継続及びそれに伴う期間延長を図るためには，契約農家の増加→飼料の増加→飼養頭数の増加→堆肥供給の拡大→周辺地域の土壌改良という良性循環の構築がより重要になると考えられる。この点，2013年には堆肥の品質向上に成功し，一般販売が始まっている。今後のこの事業の発展に注目が必要である。

5．小括

本章では朝日緑源を事例に，周辺農家と連携した農地集積や循環型農法の構築の課題について考察した。

朝日緑源は，周辺農家と連携した循環型農法モデルの構築などの取り組みから，日本のノウハウで生産された農産物の中国における先進的生産主体と捉えられよう。さらに，現在，新たに中国国内販売に着手する企業もあることから，これらの生産主体が中国における日本のノウハウで生産された農産物の供給源になるとも考えられる。朝日緑源の事業が成立している要因には，政府との連携により円滑な農地集積が可能になった点や，周辺農家と連携することにより循環型農法を構築させ，土壌改良とそれに伴う高品質農産物の生産に成功している点が挙げられる。今後，朝日緑源と同様に中国での農産物生産に着手する主体が増加した場合，これらの取り組みに伴う課題については，他の生産主体においても同様に課題となろう。

ただし，朝日緑源の取り組みは，中国農業の生産システム改善におけるパイロット事業と位置付けることができる。よって，本章で言及した循環型農法モデルなどが周辺農家の生産技術水準の向上へどの程度影響を及ぼすのか

については，今後，長期的に検証していく必要があると考えられる。

［附記］
　本章は，佐藤敦信・大島一二「中国における日系農業企業の事業展開とその課題―朝日緑源の事例―」『ICCS現代中国学ジャーナル』第5巻第1号，53～61頁，2012年11月を加筆修正したものである。

注
（1）大島［7］参照。
（2）中国での安全・安心を重視した消費行動に関する研究としては，鄒・四方・今井［9］などが挙げられる。
（3）水資源や化学肥料，農薬などの問題については，王［3］においても指摘されている。
（4）団粒構造とは，各種土壌粒子が集まることで，排水性及保水性に優れた状態のことである。
（5）山東朝日緑源農業高新技術有限公司の出資比率はアサヒビール79％，住友化学13％，伊藤忠商事8％となっている。
（6）山東朝日緑源乳業有限公司の出資比率はアサヒビール90％，伊藤忠商事10％となっている。
（7）生産能力とは，小売店で販売されるパック形態の製品の生産能力である。朝日緑源では15～17トン／日の牛乳が生産されているが，自社工場のパッキング能力が7トン／日であるため，余剰分（8～10トン／日）については中国資本の大手牛乳メーカーに販売している。つまり，中国資本のブランドとして販売されている一部の牛乳には朝日緑源が生産したものも含まれている。このことから，朝日緑源の高品質牛乳の消費者数は自社パックの購入者数よりも多いと考えられる。
（8）朝日緑源におけるヒアリング調査によると，同社の薬草については，日本の大手薬品メーカーとの業務提携によって生産されているとのことである。
（9）女峰はすでに特許が失効していることから，中国での生産も可能になっている。
（10）朝日緑源の乳牛頭数は2007年に650頭（ニュージーランドから400頭，オーストラリアから250頭）を輸入して以降，増加している。2010年11月時点での飼養頭数は1,832頭で，そのうち経産牛が1,101頭，育成牛が821頭となっている。
（11）牛乳の生産・販売量が増加傾向にあり，かつ主力事業と捉えられることから，同事業が朝日緑源の経営状態の良好化に大きく寄与していると推察される。
（12）大連市や成都市にも輸送しているが，輸送に長時間を要することから，小売

第3章 高品質農産物の生産面での課題にたいする日系農業企業の取り組み

店における販売で，賞味期限までの時間が短くなってしまうことが課題となっている。そのため，両地域への輸送は少量にとどまっている。
(13) 2012年9月における山東省青島市のスーパーでは，1,000㎖製品について朝日緑源の牛乳は21～22元で販売されている一方で，中国資本の牛乳は17～18元で販売されていた。
(14) 莱陽市周辺での地代は平均300元／ムーであることから，朝日緑源の地代は通常よりも高いことが分かる。
(15) 朝日緑源では，生産が開始された初年度から，堆肥が投入されており，化学肥料や農薬を使用した生産体系からの転換を図っている。同社におけるヒアリング調査によると次のとおりである。例えば苺生産では，慣行栽培の場合，農薬散布回数は15回で，1haあたりの化学肥料投入量は1,500kgであるのに対して，2年目では，前者が2回，後者が500kgにそれぞれ削減された。そして，それに伴い堆肥投入量は1,500kgに増加している。さらに3年目では，農薬散布と化学肥料投入はともになくなり，堆肥投入量は3,500kgとさらに増加している。
(16) いずれの数値も2009年のものである。中国の平均耕地面積は中華人民共和国国家統計局編『中国統計年鑑』より，日本の平均耕地面積は『平成21年農業構造動態調査報告書』と「平成21年耕地及び作付面積統計」よりそれぞれ算出した。
(17) 成田［12］でも中国国内販売における宅配事業について言及されており，同事業では日本人だけではなく，中国人顧客も獲得することが課題とされている。朝日緑源にも同様の課題が指摘できるが，同社の場合，主力商品となる牛乳と現段階では比較的生産規模の小さい野菜類，苺をセットで宅配することによって，固定的利用者を確保できるだけではなく，野菜類や苺についても販売量を増加させることができると考えられる。

参考文献

［1］荒木正明「駐在員の眼　内販を強化する日系食品企業」『中国経済』2009年5月号，23～34頁，2009年5月
［2］江田真由美「日系企業の食品ビジネス―国内市場の開拓」『中国経済』2006年6月号，2～7頁，2006年6月
［3］王凱軍（翻訳　鈴木常良）「中国の水汚染の現状，規制対策，課題」『龍谷法学』第38巻第1号，92～106頁，2005年6月
［4］大島一二『中国産農産物と食品安全問題』筑波書房，2003年
［5］大島一二編『中国野菜と日本の食卓―産地，流通，食の安全・安心―』芦書房，2007年
［6］大島一二「中国農業・食品産業の発展と食品安全問題―野菜における安全確

保への取り組みを中心に（特集　中国産業の新たな課題―環境と安全）」『中国経済研究』第6巻第2号，22～30頁，2009年9月
［7］大島一二「三農問題の深化と農村の新たな担い手の形成」佐々木智弘編『中国「調和社会」構築の現段階』日本貿易振興機構アジア経済研究所，2011年
［8］北倉公彦・大久保正彦・孔麗「北海道の酪農技術の中国への移転可能性」『開発論集』第83号，13～58頁，2009年6月
［9］鄒金蘭・四方康行・今井辰也「中国における有機食品，緑色食品，無公害食品に関する消費行動」『2008年度日本農業経済学会論文集』447～454頁，2008年12月
［10］高村幸典「中国における日本企業の今後の動向―中国を生産拠点から消費市場へ」『中国経済研究』第6巻第1号，69～76頁，2009年3月
［11］独立行政法人農畜産業振興機構編『中国の酪農と牛乳・乳製品市場』農林統計出版，2010年
［12］成田拓未「中国産対日輸出量減少と中国野菜輸出企業の事業再編―中国有機・緑色野菜市場における内販の現状と課題」『農業市場研究』第18巻第4号（通巻72号），42～51頁，2010年3月

（佐藤　敦信・大島　一二）

第4章

中国における日系野菜輸出企業の内販事業への進出

1．課題と方法

　中国産野菜の対日輸出量は，1990年代から急増してきていたが，2000年代後半に初めて減少局面を経験した。その際日本では，短期的には気象変動による不作，また長期的には日本の野菜生産力の低下によって，野菜需給の逼迫・価格高騰による社会的混乱の懸念も指摘された[1]。

　この間，中国産輸出向け野菜は，度重なる残留農薬問題や，輸出先国における規制によって，中国で生産される野菜の中でも最も安全性を高めたものとなっている。このような野菜は，安全性の高さという点で，中国政府が定める認証である有機食品や緑色食品に類似性が高い[2]。実際，有機食品ないし緑色食品の認証を取得した上で輸出される野菜も少なくない。すなわち，中国産輸出向け野菜は，安全性が高いという商品特性上，仕向先を輸出市場，あるいは中国国内市場（とりわけ安全性の高い野菜の市場）いずれにも転換できる潜在的可能性を持っている。

　それだけに，中国有機・緑色野菜市場の動向と，それへの中国野菜輸出企業の対応，すなわち内販進出の実態が重要な関心事の一つとなる。

　そこで本章では，2000年代後半初めの中国産野菜の対日輸出量減少局面における中国野菜輸出企業の事業再編について，特に中国国内販売（以下，「内販」）への進出の要因，現状と課題並びに課題への対応について，D社へのヒアリング調査から明らかにしたい。その上で，内販事業の展望と，このことがわが国の農産物供給に及ぼす影響について，若干の言及を試みたい。

　なお，D社は，日系野菜輸出企業の中でも先駆的に有機野菜の内販に取り

組んだ企業であり，同事業への進出の要因やその初期段階での課題等を明らかにする上で好適な事例と位置づけられる。

2．背景と先行研究

1）中国産野菜にとっての日本市場の変質

中国にとって日本は最大の農産物輸出先であるとともに，日本にとって中国は最大の野菜輸入先である。しかし，こうした両国の地位は近年大きく揺らいでいる。

図4-1によれば，中国産農産物の輸出額は2000年代に入って急速に伸び，2013年は700億ドルに迫っている。その中で，対日輸出の占める割合は2001年にピークの35.8％に達したが，2013年には16.7％まで落ち込んでいる。輸出額そのものも，2007年の83億5,000万ドルをピークに，2008年，2009年には減少に転じた。

中でも減少傾向が強いのは，野菜である。図4-2によれば，日本における中国産野菜の輸入量は1990年の27万トンから2005年の165万トンへと6倍に

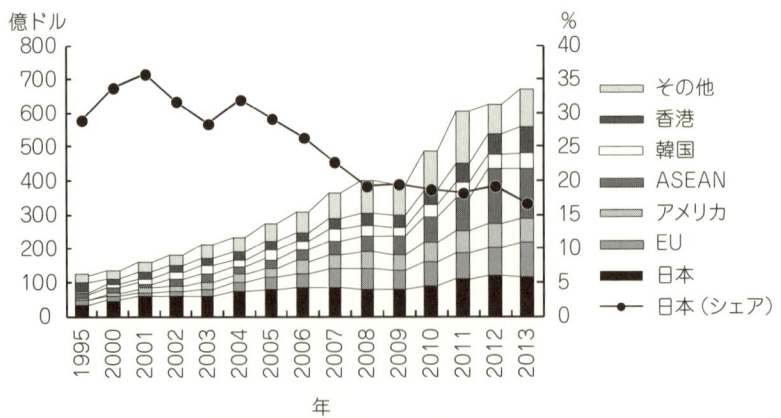

図4-1　中国産農産物輸出先国別輸出額と日本向けシェアの推移
資料：中国農産品進出口月度統計報告

第4章 中国における日系野菜輸出企業の内販事業への進出

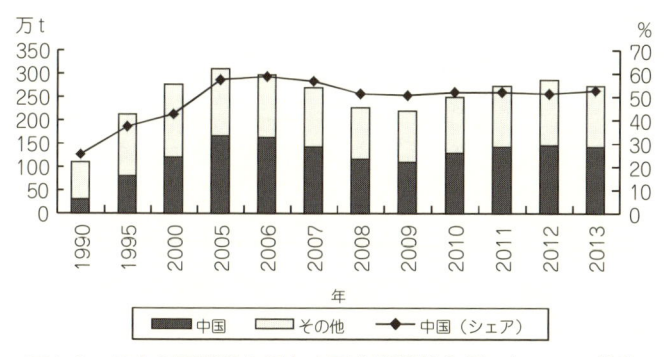

図4-2 日本の野菜輸入量と中国産野菜輸入量・シェアの推移
資料：農畜産振興機構資料

増大した。同時に，日本の野菜輸入量に占める中国産野菜の割合は1990年の25％から2006年の58.2％へと倍化し，日本の野菜市場は中国依存を強めていったのである。しかし，日本における中国産野菜の輸入量および野菜輸入量に占める中国産野菜の割合はそれぞれ2005年，2006年をピークに減少・低下に転じた。2008年段階で，日本における中国産野菜の輸入量は115万トン，野菜輸入量に占める中国産野菜の割合は50.8％となった。

2010年以降は，中国における対日農産物輸出額，日本における中国産野菜輸入量も回復に転じている。しかしながら，中国における農産物輸出にとって，EU，アメリカ，ASEAN向けの輸出額の伸びが目立ってきている中，日本の地位が下がりつつあることは明白である。

2）先行研究と未解明の課題

このように，中国産野菜の対日輸出が減少局面を迎えた要因について，これまでの研究成果から整理すると次の通りである。2002年3月に発生した残留農薬事件以降，中国政府の規制強化[3]に伴い，輸出向け野菜の調達方式が産地仲買人方式から自社経営方式へと転換した[4]ことから，輸出向け野菜の生産コストは増大している[5]。一方で，輸出単価を引き上げることは困難となっており，中国野菜輸出企業の収益性は悪化している[6]。

さらに2006年5月から実施されている日本のポジティブリスト制度は，対日中国産野菜輸出に大きな影響を与えている[7]。同制度に対応するため，中国野菜輸出企業は残留農薬の検査体制をいっそう強化しており，また事務手続きの増加，日本への輸出所要日数の長期化に伴う鮮度低下の問題や保管料の発生など，コスト増加の要因はさらに増えている[8]。2005年以降は，コスト増加を背景として中国産輸入野菜の価格が上昇傾向にある[9]。それだけに，日本向け輸出野菜は，中国産野菜の中でも最も高度な品質管理によって安全性が高められているといっても過言ではない。中国野菜輸出企業の品質管理水準は，すでに改善の余地が残されていないほどに高いとの指摘もある[10]。それに対し，2008年には，冷凍餃子問題の発覚をはじめ，日本の消費者による中国産食品の安全性に対する不信感をいっそう増幅する事例が相次いだ[11]。こうした事例が発生するたびに，直接には関わりのない品目や企業にも影響が及び，対日輸出が減少，あるいは中断することから，中国野菜輸出企業にとって対日輸出はリスクの高い事業という位置づけも一部に見られる[12]。また，日本市場が中国産冷凍野菜に関して成熟期に入っているという指摘もある[13]。すなわち，輸出量増加の見込みが少なくなった日本市場は，中国野菜輸出企業にとってかつてほど魅力的ではなくなってきているのである。

前項で示したような，中国産対日野菜輸出量の減少は，このような状況下で起こったのである。

こうした中，中国野菜輸出企業は，新たな対応として事業の再編に取り組んでいる。先行研究はその内容の一端を明らかにしている。すなわち，直営基地の縮小を中心とする基地類型の再編や工場稼働率の向上などによるコスト増加分の吸収，あるいは付加価値の高い調理食品の生産・輸出の拡大，日本以外の新しい輸出市場の拡大などである[14]。しかし，中国野菜輸出企業の対応の方向はそればかりではない。本章が取り上げる事例企業は，既存の経営資源を活かしつつ，対日野菜輸出に特化した事業形態から，輸出先の新規開拓による事業規模の維持と内販進出による事業再編へと舵を切っている。

しかし，このような形での中国野菜輸出企業の事業再編の実態については解明されていない[15]。

本章で，中国野菜輸出企業の内販への取り組みの実態解明を課題とする理由は，以上のような背景による。

ところで，対日野菜輸出を中心事業とする中国野菜輸出企業は，日本市場での需要に沿うべく，品質管理の徹底をはかってきた。そうした企業が，ターゲット市場を中国国内へとシフトする際に，既存の経営資源，すなわち高度な品質管理システムによって安全性の高い野菜を供給する能力を活かそうとする場合，中国における安全性の高い野菜の市場動向に注目せざるをえない。よって，上記の課題について考察を深めるにあたっては，中国国内市場，とりわけ中国有機・緑色野菜市場の現状についての検討が不可欠である。そこで以下，中国において，安全性を高めた農産物に与えられる認証として最も代表的な緑色食品に焦点を当て，中国有機・緑色野菜市場の現状について検討する。

3）中国有機・緑色野菜市場の現状

1997年から2012年の緑色食品市場の発展状況を主要な指標に基づいてみてみると，認証企業は544社から6,862社へ，認証産品は892品から17,125品へ，認証面積は3,213万ムー[16]から2億3,000万ムーへと伸びている[17]。また，年間販売額は240億元から3,178億元へ，緑色食品の輸出額は5.8億元から179.3億元へと，大幅な伸びとなっている（**図4-3**）。このように，緑色食品市場は拡大の一途をたどっている。

また，緑色食品認証取得済み野菜（以下「緑色野菜」）に限ってみても，輸出額は増大傾向を示している（**表4-1**）。

しかし，増大する緑色食品，緑色野菜の仕向先は輸出に限らない。緑色食品の年間販売額に占める輸出金額の割合（図4-3の「B/A×100」）の変化に3つの局面があることがわかる。すなわち，2002年にかけては年々上昇しているが，2003～2005年の頭打ち傾向を経て，2006年以降は低下傾向を示して

第Ⅰ部

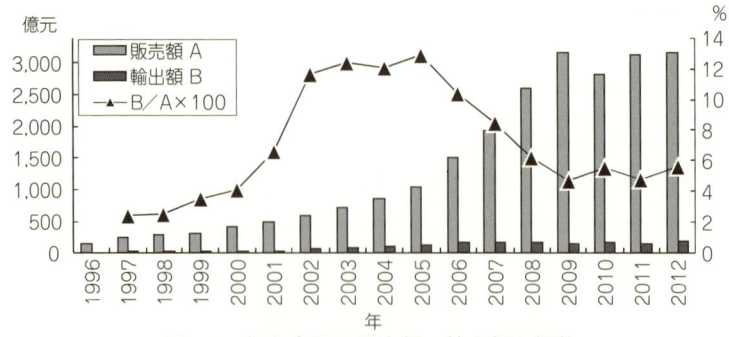

図4-3 緑色食品の販売額・輸出額の推移
資料：緑色食品統計年報，中国統計年鑑

表4-1 緑色野菜の輸出状況の主要指標の推移

単位：万ドル・％

年	2003	2004	2005	2006	2007	2008	2009	2010	2011
野菜輸出額 A	212,217	267,321	318,213	397,953	421,648	416,654	499,576	798,093	932,244
緑色野菜輸出額 B	16,035	12,535	23,273	33,489	29,868	48,009	35,942	41,360	44,332
B/A×100	7.6	4.7	7.3	8.4	7.1	11.5	7.2	5.2	4.8

資料：緑色食品統計年報，中国農村統計年報

いることである。また，緑色野菜においても，野菜輸出額に占める緑色野菜輸出額の比率（**表4-1**の「B/A×100」）は，2008年をピークに低下傾向にある。このことは，緑色食品・緑色野菜生産は当初は輸出志向を強める傾向にあったが，00年代後半以降，内販志向を強めるようになったことを示すものと考えられる。

中国国内では，緑色食品の価格は一般の商品の20～30％，一部の品目では2倍高い。しかし，緑色食品に対する消費者の認知度は80％を超え，その生産は野菜企業が量販店での販売機会を得る重要な条件のひとつとなっている[18]。

このことから，野菜を含む緑色食品は，かつては輸出指向を強めていたものの，中国における消費者の安全性への関心の高まりや小売店の販売戦略の

変化に輸出環境の悪化も相まって，00年代後半に内販指向を強くしたものといえよう。

事例企業であるD社は，日中両国における規制強化への対応とその中でのコスト増加によって，対日輸出の困難をかかえる一方，緑色食品の動向に代表されるような中国消費者の農産物安全性への関心の高まりをとらえ，対日輸出から内販へと事業再編を進めた。以下，その実態について検討することとしよう。

3．D社事業の展開過程

1）D社野菜輸出の展開

1994年，D社は対日長いも輸出を目的に，日本独資企業として山東省煙台市に設立された。同年，同市に長いも専用直営農場を開設し，長いもの生産と輸出を開始した。当時，日本の長いも需給が逼迫傾向にあって市場価格が高水準で推移していたことから，生産と輸出は順調に拡大していった。そのため，直営農場の面積は1994年の20ムーから1998年の500ムーへと急増していった。

さらにD社は，日本での販路をいかして，中国産野菜（タマネギ等）を集荷したうえで，その加工を他の野菜加工企業へ委託し日本へ輸出する事業を強化していった。2000年には，山東省安丘市にタマネギ生産加工企業T社を日中合弁企業として設立した。また，野菜輸出の周年化のため，福建省の野菜生産加工企業と提携し，そこから1～5月出荷用の野菜を集荷し日本へ輸出している。

以上の展開を経たD社の2008年段階の状況は，資本金10万ドル，職員20名，年間輸出量は6,600トンとなっている。主な輸出品目は，タマネギ，長いも，ねぎ等生鮮・加工野菜である。年間売上高は3,300万元だが，その内訳に近年明瞭な変化が見られる。2007年まではほぼ100％が輸出による売上げであったが，2008年は輸出が90％となり，新たに取り組んだ内販の比率が10％と

なった。内販の内訳は，量販店5％，宅配3％，飲食店2％となっている。また，90％を占める輸出についても，次項で述べるように，内容は様変わりしている。以下，近年の事業再編の内容について検討する。

2）対日野菜輸出量減少とD社の事業再編

対日野菜輸出量減少局面におけるD社の事業再編の内容は，大まかには3つに分けられる。第1に対タイ輸出へのシフトである。図4-4に示すとおり，創業時から2002年まで対日輸出がほぼ100％を占めていた。D社の輸出量が現在の水準に達するのは2003年であるが，この年，初めて対タイ輸出が始まる。この状況は2005年まで続くが，2006年以降，日本からの皮付きタマネギや長いもの真空パックなど，量販店の店頭で販売されることを想定した最終消費向けの野菜に対する受注が急激に減少し，急遽もともと販路を開いていたタイへの輸出にシフトせざるを得なくなったのである。2008年には，対タイ輸出量が対日輸出量と拮抗するまでになった[19]。

第2に創業以来事業の中核だった長いも専用直営農場の廃止である。長いもについてD社は，2002年以降，上述の野菜生産加工企業（福建省）からOEM供給を受けている。2007年には長いも専用直営農場を廃止し，創業時

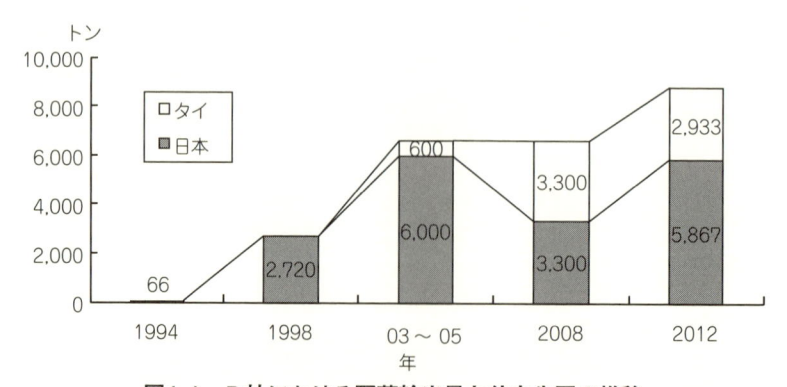

図4-4　D社における野菜輸出量と仕向先国の推移

資料：D社聞き取り調査の内容を基に筆者作成。

からD社事業の一つの核をなしていた長いもの自社生産輸出が停止した。その要因として挙げられるのは，第1に，天候不順による雨被害や，日中両国政府の度重なる規制強化への対応にともなって管理コストが増加してきたことなどによって，直営によるリスクが増大してきたことである。第2に，日本からの規格や品質に対する要求が年々高まるにつれて，規格外品の発生が増大してきたことから，OEM化によって，受注に合致するものに絞って集荷した方がメリットが大きいと判断したことである。第3に，2002年以降数年にわたって取り組んできたOEM先への生産・加工の技術指導が浸透してきており，直営による自社生産にこだわるまでもなく，十分な品質を確保できるようになったことである。

　第3に，本章の中心課題である内販向け直営農場の新設である。この内販向け直営農場の新設が含んでいる意味はいくつかあるが，節を改めて詳しく検討することとしよう。

4．D社内販事業の初期段階

1）有機野菜生産と内販事業の実態

（1）内販向け直営農場の開設

　長いも専用直営農場の廃止直後の2007年，新たに内販向け直営農場が新設された。場所は，山東省濰坊市で，面積は170ムーである。1年目の2007年は大和芋を有機栽培し，2年目の2008年からは多品目少量の野菜の有機栽培を開始した。同年からこの野菜の内販を開始した。

（2）内販における販路

　内販事業の販路は3つに分類される。消費者に直接販売する宅配，量販店への販売（量販店直販），飲食店への販売（飲食店直販）である。
　宅配事業では，青島市全域を対象に，D社社員が配送を行っている。根菜類は貯蔵庫を利用し，また葉物等鮮度保持の難しいものは内販向け直営農場

表4-2　宅配事業の主な取扱品目

葉菜		果菜	根茎菜	豆類	その他
カリフラワー	油麦菜	カボチャ	タマネギ	いんげん	米※
キャベツ	京水菜	キュウリ	大根	えだまめ	イチゴ※
小油菜	サニーレタス	トマト	カブ	長ささげ	ブルーベリー※
小松菜	セロリ	ナス	ニンジン		りんご※
チンゲンサイ	春菊	ピーマン	ミニニンジン		卵※※
長ネギ	小白菜	ミニカボチャ	ジャガイモ		牛乳※
野沢菜	ちぢみほうれん	ミニトマト	長いも		オレンジ※
白菜	そう	オクラ	大和芋		牛肉※
ブロッコリー	菜の花	トウガラシ	さつま芋		魚開き・切身（真空パック）※
ベビーリーフ	ニラ	パプリカ	里芋		飲料※
ほうれんそう	ロメインレタス	ヘチマ	ゴボウ		
リーフレタス			にんにく		
レタス			しょうが		
			たけのこ※		
			ラディッシュ		

資料：D社資料
注：1) ※は他社製、※※は一部他社製である。
　　2) 網掛けは2013年9月現在までに新たに加わった販売品目。他は2009年6月現在の販売品目。

で施設栽培し、常時25品目の品揃えを確保し、野菜の周年供給を実現している。

表4-2にD社が内販事業で取扱っている品目を掲げたが、葉物から果菜、根菜まで、多品目であることがわかる。また、野菜のほかにも、内販向け直営農場内で放し飼いしている鶏の有精卵、他社が生産している黒龍江省産の有機栽培米[20]、山東省で日系企業が生産している牛乳とイチゴなどの品目もとりそろえ、品揃えの充実を図っている。

量販店直販事業は、2007年以前もスポット的に行われていた。しかし、内販向け直営農場で多品目野菜生産を開始して以降は、量販店直販事業が定着した。販売先は、青島市と上海市の日系量販店である。

飲食店直販事業では、青島市内の6軒の飲食店に販売している。上海へも販売しているが、飲食店とD社の間に卸売業者が入っているため、軒数は把握できていない。なお、上海市への輸送は、週2・3回、空輸便で行われている。

（3）価格設定と顧客

表4-3に，D社産野菜等の宅配向け小売価格と，市中の一般的な野菜等の小売価格を掲げた。野菜は10〜25元/kgとなっており，一般的な野菜価格と比べると，最も価格差の小さいきゅうりでは2.8倍，最も大きい大根では22.6倍となっている。

これだけの高価格では購入可能な消費者が限られてくる。宅配事業は会員制となっており，会員は100名で，うち日本人85名，中国人15名，日本人のほとんどは駐在員である[21]。顧客の多くは，一度D社からの野菜を購入し始めると，普段消費する野菜をほとんどD社産にシフトしており，その意味では安定した販売先となっている[22]。すなわち，D社野菜のブランド・ロイヤルティ[23]は高いと考えられる。

表4-3　D社宅配および一般的な野菜等の小売価格

単位：元/kg

品目	D社	一般[1]
ジャガイモ	12	1.54〜3.58
長いも	15	N/A
大根	12	0.53〜1.68※
ニンジン	18	1.12〜4.76
タマネギ	12	N/A
長ネギ	15	N/A
キャベツ	15	1.16〜5.26
白菜	10	1.14〜3.46
チンゲンサイ	25	1.86〜3.08
トマト	20	2.66〜6.22
キュウリ	18	2.58〜6.42
カボチャ	20	N/A
卵	33[2]	6.06〜10.26※※

資料：D社資料（2009年6月現在），中国物価年鑑2007，中国価格信息網

注：1）※の出典は中国价格信息網で，2009年8月下旬時点の数値。※※の出典は中国价格信息網で，2009年8月上旬時点の数値。いずれも中国主要都市の自由市場・量販店における各野菜価格の最高値および最低値。その他の数値の出典は中国物価年鑑2007で，2006年の中国主要36都市における野菜小売平均価格の最高値および最低値。

2）D社は5個入り1パック（およそ300g）単位で販売している。その価格は10元である。

(4) プロモーションと有機認証

D社のプロモーション活動は，日本人向けのフリーペーパーへの広告掲載，日本語版ホームページによる情報発信が中心となっている。

また，表4-3で示したような高価格設定を前提として顧客を拡大するに当たっては，情報の非対称性を埋めるとともに，野菜の品質の高さと安全性を消費者に訴えていくことが重要となる。そこでD社が取り組んでいるのがブログによる情報発信と，有機認証の取得である[24]。

D社が企業としてのホームページとは別に開設しているブログでは，農場や野菜の写真を織り交ぜながら，栽培状況を公表している。

さらにD社は，上述のとおり内販向け直営農場で開設1年目の2007年から有機栽培に取り組んでおり，3年目となる2009年6月に有機認証を取得した。2009年は有機転換期間としての認証であるが，4年目となる2010年には転換期間が終了し，有機栽培として認証された。この有機認証は，中国政府が定める有機食品や緑色食品ではなく，国際有機農業運動連盟（IFOAM）[25]のもので，香港の認証機関を通じて取得した。世界的な有機認証基準に基づく認証であるため，その点で差別化を図ることが意図されている。また，D社のブランドを確立し，上述の高い価格設定でも消費者，量販店，飲食店に受け入れられることを企図している。

2）D社内販事業における初期の課題と対応

(1) 内販事業収益性の改善

ここまで，有機野菜生産と内販事業の現状を見てきたが，課題も山積している。

まず，内販向け野菜のロスが50％に上り，このことが，内販事業の赤字の主要な原因となっている。

ロスの最大の要因は，品目別の需要量に応じた生産体系が構築できていなかったことである。2006年以前は，輸出を念頭に野菜を生産していたことから，少品目大量生産方式がとられてきたが，2007年以降，宅配を中心とする

第4章　中国における日系野菜輸出企業の内販事業への進出

内販を新しい事業部門として立ち上げると同時に，農場での生産方法も多品目少量生産へと転換した。しかし，消費者の時期別・品目別の需要量に関するデータが蓄積されていなかったのである。保管の面では，内販向け直営農場の近隣に冷蔵庫を借り，収穫後の野菜の保管場所としていた。しかしながら，管理委託先における設備や管理が不十分で，これもロスの原因のひとつとなっていた。

以上の点については，年々蓄積されていく販売動向の情報を元に，作付品目の組み合わせや品目ごとの播種のタイミングの調整等を進め，2013年現在では黒字化を果たしている。結果，収益性の点では輸出事業に比して内販事業の方が高くなっているとのことであった。

また，新たに青島市内に20〜30トン規模の冷蔵庫を借り，そこを配送センターとして活用することに加え，農場に冷蔵施設を設置し，現状主たる顧客となっている日本人駐在員が比較的多く居住しているマンション群の一角に店舗を構え，物流機能と営業力の強化をはかり，黒字化を下支えしている。**表4-2**にあるように，生産・販売品目も増やし，顧客のD社宅配事業を通じての野菜購入機会の拡大も図っている。

（2）販路の拡大

D社宅配事業は，日本人を主な顧客としてきたが，その多くは所得の高い駐在員であった。同年の金融危機の影響で，青島市在住の日本人は2007年の3,276人から2008年の2,820人へと，統計を取って以来はじめての減少となった[26]。また，新型インフルエンザの発生も重なり，日系企業では駐在員の帯同家族の帰国を指示する例も出た[27]。こうしたことから，日本人のみを対象とした事業展開では，市場規模の拡大に限界があり，中国人の顧客獲得が次なる課題となっている。D社は，中国人向けホームページの開設等広告活動を強化しようとしている。

また，青島市のみでは市場規模が限られることから，D社は宅配事業を上海に進出させている。日系運送企業による時間指定のチルド輸送を活用し，

遠隔地ながら鮮度を高く保った配送を実現している。更に，目下香港への宅配事業の拡大も計画されている。

量販店への直販では，青島市内の4店舗，青島近郊の濰坊市の1店舗，上海市内の1店舗，北京市の2店舗との間で行い，内販事業の初期より対象地域を拡大している。

5．小括

中国野菜輸出企業が生産する野菜は，度重なる残留農薬問題や規制強化の中で，安全性が高められてきた。それは同時に，野菜の高コスト＝高価格化の過程でもあった。このことは，日本にとっては，安全性の向上と引き換えに低価格というメリットが失われていくことを意味しており，事実2005年以降，中国産野菜の輸入量は減少局面を迎えた。これと軌を一にするように，中国における緑色野菜の増産は，国内市場への指向性を高めた。中国市場では，食品公害が多発する中で食品の安全性に対する消費者の関心が高まりつつある。加えて，購買力のある高所得層の形成も進んでいる。つまり，高価格でも安全性の高い野菜が受け入れられる市場が形成されつつある。このような日中両国市場の変化は，中国の野菜輸出企業に新たな対応を迫った。本章は，中国野菜輸出企業の対応の中でも，有機野菜の多品目少量生産による内販に取り組むD社の事例を取り上げ，その現状と課題を明らかにした。

一般に，中国において日本向け野菜の収益性の確保は困難さを増してきており，このことが対日輸出量に減少圧力を加えている。その中で中国野菜輸出企業は，リスク分散のため，新たな市場への進出を模索している。

そのような中で，D社においては，輸出向け長いも専用直営農場を廃止し，輸出事業の収益を原資としながら，対日野菜輸出の中で培ってきた高度な品質・安全性管理能力を基礎に野菜を有機栽培し，直接販売の手法によって販売するという内販事業を立ちあげた。販路は宅配，量販店，飲食店等とし，多品目少量生産による品揃えの充実をはかっている。事業の初期段階では，

第4章　中国における日系野菜輸出企業の内販事業への進出

インターネットやフリーペーパー等の日本語媒体を利用してプロモーション活動を行い，主として高所得層である日本人駐在員を顧客に取り込んでいる。事業立ち上げ1年目の段階で，高価格ながら，すでに高いブランド・ロイヤルティを獲得している。さらに，ブログによる栽培状況の情報発信や有機認証の取得によって情報の非対称性を埋め，品質や価格に対する消費者の理解を促すと同時に，差別化の徹底をはかっている。内販事業立ち上げの初期段階の赤字も，2013年までに黒字に転換し，同事業は軌道に乗りつつあるものと考えられる。今後は，さらなる販路拡大が展望されている。

　一方で，日本における野菜供給量の長期的な減少傾向に加え，天候不順による作柄の不良等もあって，2010年以降のわが国における中国産野菜の輸入量は回復傾向を示している（図4-2）。このことは，D社の輸出事業についても同様であった（図4-4）。

　結果的にD社は，日本向け野菜輸出量をピーク時（03～05年）に匹敵する水準まで回復させたうえ，タイ向け輸出量もほぼ横ばいで維持し，内販事業も軌道に乗せるなど，事業再編に一定の成果を残している。個別企業のミクロな視点で言えば，事業再編を通じてリスク分散が図られたものといえよう。

　対して，わが国における野菜供給の視点で言えば，供給先企業の事業再編は，有機野菜や緑色野菜，それに相当する野菜の調達における日中の競合を惹起する。現段階では，個別企業における全体の事業の一部を占めるにとどまっているが，輸出事業に比して内販事業の収益性が高いと認識されており，今後内販事業は拡大が志向されている。したがって，中国消費者の今後の購買力や安全志向の高まりによっては，長期的には内販事業がわが国における野菜供給の安定性を切り崩す方向へと作用することも考えられよう。こうした可能性も視野に入れつつ，わが国の野菜供給の安定性を確保するための方策が求められよう。

　［付記］本章は，成田拓未「中国産野菜対日輸出量減少と中国野菜輸出企業の事業再編—中国有機・緑色野菜市場における内販の現状と課題—」（『農

業市場研究』第18巻第4号，2010年，42～51頁）をもとに，最新の動向も踏まえ，加筆修正したものである。

注
（1）大島［5］。
（2）中国の認証制度では，厳密な意味での有機野菜には「有機食品」あるいは「緑色食品（AA級）」の認証が，減農薬減化学肥料栽培野菜には「緑色食品（A級）」の認証がそれぞれ対応する。本章でいう「中国有機・緑色野菜市場」は，以上3つの認証を取得した野菜，ないし未認証ながら同程度の基準で生産された野菜（その多くは輸出向けとなっている）など，とりわけ安全性を高められた野菜が売買される中国国内市場とする。ほかに，「無公害農産品」という認証もあるが，これは上記3認証に比べ基準が緩く，中国国内で流通する野菜の安全性を最低限担保するものを対象としており，中国有機・緑色野菜市場の範疇外とする。なお，以上の認証制度については，大島［4］，菅沼［12］を参照。なお，緑色食品認証は，生鮮野菜等の農産物のほか，加工食品にも付与される。
（3）中国政府の規制強化については，大島［2］，［3］，［4］を参照。
（4）大島［6］。なお，こうした野菜の調達方式の変化を実証したものとしては，朴ほか［16］，隋ほか［10］があり，これらの成果によって，自社経営方式の意味内容には，直営基地，委託基地，契約基地など一定の幅があることがわかる。
（5）隋ほか［11］。
（6）同上。
（7）『中国農業年鑑2007』参照。
（8）甲斐ほか［7］。
（9）藤島［15］。
（10）荒木［1］，大島［5］。
（11）荒木［1］。1月：日本で中国産冷凍餃子によって重体者が出る，9月：中国で乳製品の中にメラミンが混入されていた事実が発覚，10月：冷凍インゲンから農薬ジクロルボス検出など。
（12）荒木［1］。
（13）菊地［8］。
（14）隋ほか［11］，甲斐ほか［7］。また，大島［4］は，生産基地そのものを東南アジア諸国にシフトしている場合もあるとしている。なお，ベトナムにシフトした事例を取り上げたものとして，坂爪ほか［9］がある。
（15）荒木［1］は，中国に進出している日系食品企業が，急務の課題として内販

第4章　中国における日系野菜輸出企業の内販事業への進出

強化に乗り出していることを指摘したうえで，その際直面している問題点について整理している。この中で議論の対象となっているのは，工業製品としての食品を製造している企業が，量販店をはじめとする小売店で販売する際の問題点（例えば，量販店に商品を販売する際に徴収を求められる高額な入店料，商標権登録事務手続き上の不便など，中国独特の商習慣や制度への対応に伴って発生している問題点）についてである。また，個別企業に立ち入った議論はなされていないため，事業の再編の実態は明らかにされていない。それに対して本章は，一次産品たる野菜を生産し，宅配を中心とする直接販売方式によって販売する個別企業を事例として取り上げている。

(16) 1ムーは1/15ha（約6.67 a）。
(17)『緑色食品統計年報』各年版参照。
(18)『2007年緑色食品統計年報』参照。
(19) なお，D社に対する聞き取り調査は，2006年10月から2013年9月まで，複数回実施したものである。
(20) 水田にカモを放して雑草駆除している。
(21) 2009年6月現在。
(22) D社への聞き取りによる。もちろんD社の品揃えでまかないきれない部分は，消費者がそれぞれ他の量販店等から購入することになる。
(23) ブランド・ロイヤルティとは「ある商品について，買手が1つあるいは複数のブランド（商標）をそれへの好意的な態度に基づいて継続的に購入すること（有斐閣経済辞典第4版）」である。
(24) 認証の取得は，情報の非対称性を埋める役割を果たす。詳しくは，波夛野［14］。
(25) IFOAM（International Federation of Organic Agricultural Movements）は，国際的な有機農業啓蒙団体として，欧米の有機農家によって，1972年に設立された。日本の有機農産物の規格を定めるJAS規格は，有機農業の国際基準であるコーデックス基準に基づいているが，同基準はIFOAMが定める有機認証のための基礎基準を参考に策定されたものである（蔦谷［13］参照）。
(26) JETRO青島事務所聞き取り調査ならびに外務省領事局政策課『海外在留邦人数調査統計（平成21年速報版）』による。
(27) 産経新聞WEB版，2009年2月9日付（http://sankei.jp.msn.com/economy/business/090209/biz0902092306022-n1.htm）。

引用（参考）文献

［1］荒木正明「駐在員の眼　内販を強化する日系食品企業」『中国経済』2009年5月号，23～34頁
［2］大島一二編著『考えよう！　輸入野菜と中国農業』芦書房，2003年
［3］大島一二『中国産農産物と食品安全問題』筑波書房，2003年

［4］大島一二「中国の農林水産物輸出戦略」国際農林業協力・交流協会『海外農業情報分析事業　アジア大洋州地域及び中国地域食料農業情報調査分析検討事業実施報告書』97～115頁，2007年12月

［5］大島一二「中国の農産物産地形成の試み」独立行政法人　日本貿易振興機構『平成19年度　海外農業情報分析事業　地域食料農業情報調査分析検討事業　アジア大洋州地域及び中国』127～161頁，2008年3月

［6］大島一二「中国農業・食品産業の発展と食品安全問題―野菜における安全確保への取り組みを中心に―」中国経済学会第8回全国大会分科会報告資料，2009年6月

［7］甲斐諭・周怡「中国の冷凍食品企業の新たな対日輸出動向―日本の農薬等ポジティブリスト制度への対応―」『中村学園大学流通科学研究所報』創刊号，57～67頁，2007年1月

［8］菊地昌弥『冷凍野菜の開発輸入とマーケティング戦略』農林統計協会，2008年

［9］坂爪浩史・隋姝妍・高梨子文恵・岩元泉「ダラット高原における輸出指向型野菜産地の形成―冷凍野菜加工企業のベトナム進出とその原料調達様式―」『農業市場研究』第15巻第1号，53～60頁，2006年6月

［10］隋姝妍・坂爪浩史・岩元泉「対日加工野菜輸出産地における品質管理システムの形成過程―中国莱陽地域の中堅加工企業による残留農薬事件への対応―」『農業市場研究』第14巻第1号，11～19頁，2005年6月

［11］隋姝妍・坂爪浩史・岩元泉「中国野菜企業の品質管理システム構築に伴うコスト増問題とその吸収策」『農業市場研究』第15巻第2号，88～96頁，2006年12月

［12］菅沼圭輔「海外情報　残留農薬問題の対策に取り組む中国の野菜産地（3）食の安全確保の仕組みとその問題点」『野菜情報』39～52頁，2006年3月

［13］蔦谷栄一『海外における有機農業の取り組み動向と実情』筑波書房，2003年

［14］波夛野豪『有機農業の経済学』日本経済評論社，1998年

［15］藤島廣二「中国産農産物輸入量急減と国内価格等への影響」『フレッシュフードシステム』2008年秋号，第37巻第4号，2～28頁，2008年10月

［16］朴紅・坂下明彦「「残留農薬パニック」後の中国輸出向け野菜加工企業の原料集荷構造の転換―山東省青島地域の食品企業の事例分析（3）万福食品と北海食品―」北海道大学大学院農学研究科『農經論叢』第60集，55～65頁，2004年3月

（成田　拓未）

第5章

上海市における中小企業の内販戦略の新展開
―ベジタベ社の事例―

1．本章の課題と視点

　日本企業の海外での事業活動の現状について，全体動向を把握する資料として経済産業省「海外事業活動基本調査」があるが，第Ⅰ部の解題で述べたように同資料より中国に進出している農業部門の企業の動向を捉えることは困難である。しかし，中国に限定せず，全地域とするのであればそれは可能である。

　表5-1は農林漁業を営んでいる海外現地法人の仕入および売上の状況について，2001年度と2011年度を比較したものである。この期間において対象となった企業数は，2001年度で101社，2011年度が100社とほぼ変化がない。しかし売上合計は1,288億円から1,525億円へ増加しているため，1社当たりの売上が増加している。それに対して仕入合計は元来より高かった現地からの仕入割合が67.3％から79％へいっそう高まった結果，仕入合計が1,040億から787億円へ減少していることから粗利が増加していると判断される。つまり，

表5-1　海外現地法人（農林漁業）の仕入および売上の状況

（上段：百万円，下段：％）

	仕入合計	日本からの仕入額	現地からの仕入額	第三国からの仕入額
2001年度	104,023 100.0	6,643 6.4	70,040 67.3	27,341 26.3
2011年度	78,722 100.0	4,140 5.3	62,174 79.0	12,408 15.8
	売上合計	日本向け輸出額	現地販売額	第三国向け輸出額
2001年度	128,733 100.0	51,930 40.3	52,924 41.1	23,879 18.5
2011年度	152,517 100.0	51,634 33.9	65,811 43.1	35,072 23.0

資料：経済産業省「海外事業活動基本調査」より作成。

この部門において海外進出した企業は実質を伴った売上の増加が実現されている傾向にある。ところが，こうした状況にもかかわらず進出企業が増加していないのは，仕入れの環境が整う一方でこの部門において現地で販売することが容易ではないからであろう。それゆえ，本章では順調に推移している企業を対象に，中国でどのような戦略を講じることによってそれが実現されているのかを明らかにするとともに，その内容を踏まえて対象市場の動向（現段階）を検討することを目的とする。

　本書で対象とする研究分野は着手されたばかりであるうえ，統計資料も整っていないため現時点では個別企業の積み上げによって全体像の把握を行わざるを得ない段階にあるが，単に現時点の企業活動について事例を増やすことによって横断的にみても一般化できるような共通点を導くことは容易ではないと考えられる。そして，現地での販売戦略に関する研究は，石塚［1］，菊地［2］，成田［4］といった先行研究があるものの，これらの成果は中国国内に進出して間もない時期のことを取り上げていことに加えて企業行動の変化ははやく，2年や3年もすると陳腐化することさえある。また，そもそも企業行動の現状だけをみてもどの部分が新展開なのかを理解しにくいという困難さもある。

　こうした課題に対して，限られてはいるが，存在している統計資料や明らかになっている事実をもとに新展開を捉える際の視点を提示するとともに，以前に調査を行った企業に焦点を当て，その視点を踏まえながら戦略をどのように変化ないし強化することによって成果を得ているのかを考察することである程度対応が可能であると考える。そこで，本章では以下の視点に着目した。

　第1に，日系企業間の連携強化である。上述のように「海外事業活動基本調査」では中国に進出した農林漁業に関する日系企業の動向を把握することは困難であるが，食料品製造業，卸売業，小売業の分野であれば日系企業の進出が相次いでいることと売上金額が増加していることを確認できる。農林漁業とこれらはフードシステムの面からみても密接な関係にあることはいうまでもなく，実際に現地の日系スーパーで日本の食品企業の商品が多く取り

扱われているように日系企業間のつながりは看過できない。すなわち，日系企業の進出増加に伴い，これらの間での取引やつながりがいっそう強化され，農業部門に属する企業にも好影響を与えていると推測される。

第2に，中国人への販売強化である。JETRO「中国データブック」をみると，2000年から2010年にかけて中国の農民1人当たり純収入は，2,253元から5,919元へと，また都市部住民1人当たり可処分所得も6,280元から1万9,109元へと一貫して増加していることに加え，一般消費性支出についても農民で1,670元から4,381元へ，そして都市住民も4,998元から1万3,471元へそれぞれ上昇している。こうしたなか，成田［4］の成果では中国に進出した日系企業が当初日本人向けを中心に販売していたものの，近年では中国人向けの販売にも力を入れるようになっていることを論じている。これらから，事業が順調に推移している日系企業は所得上昇に伴い，付加価値の高い農産物への消費意欲を増加させた中国人の層への対応がある程度うまくいっていると推測される。

以下ではこれらを中国で活動する日系企業の今日的動向を捉える際の視点と位置づけ，このことについてどのような企業行動をみせることによって業績を拡大させているのかを把握したい。

なお，本章では上海市で活動する中小企業を対象とする。なぜなら，わが国の食品企業は高い中小性という特徴があるのでより多くの企業の参考になるうえ，低迷するわが国の食品業界においてこうした階層の底上げが必要であると考えたためである[1]。また，上海市に焦点をあてたのは発展する中国において最も所得水準が高く，進出を検討している企業側からすると商圏として特に魅力があると考えたからである。

2．事例企業の概要と業界を取り巻く環境の変化

1）事例企業の概況

本章で対象とした企業は，VE,GE,TA,BE社である（以下，ベジタベ社と

する)。同社は長年上海で繊維関係の仕事をしていた日本人経営者が自己資金約2億円で設立し,2004年より同市でリーフ野菜の生産・販売事業を開始した。ベジタベ社は上海市奉賢区に6 haの農地,完全気密自動化システムを搭載したガラスハウス2棟(50 a),ビニールハウス約90棟(2 ha)を有している。この他にも黒龍江省と山東省に農地を借地しているが,中心的なのは上海市でのリーフ野菜の栽培であり,専用の発芽室で発芽させた苗を2週間から3週間育成させ出荷している。この生産サイクルは年間5～7回転ほどである。

　2009年から2012年にかけての事業展開において,従業員や販売地域[2]にそれほどの変化はない。しかし,売上については大きな変化が生じている。同社の売上は,2006年から生じており,同年が80万元,2007年が120万元,2008年が205万元,2009年が304万元と順調に推移してきた。しかし,2010年が369万元,2011年が408万元と,従来ほどの売上高の大幅な伸びがみられないようになった。ところが,社長が交代した2012年を契機に再成長を遂げることとなり,同年には533万元に達し,2013年においても720万元を見込んでいる。

　前社長が運営していた際(以下,前体制)の事業展開の特徴は,コスト高ではあるが高品質なリーフ野菜を高単価であっても購入できる顧客(上海市の4つ星,5つ星ホテル向けを中心)に対して,上海語が堪能な社長自らが足を運び販売活動を行うことにあった。その結果,この分野では上海市で最大手となった。しかし,個人に依拠した営業活動に限界が生じ,売上の増加とともに顧客を訪問する機会が減少することによって,変化する顧客のニーズを的確に捉えることが困難となり,2011年時点では廃棄となるロス率が50％にも達していた。これに対して,現体制ではロス率を30％程度に減少させたうえで上述の売上の増加を実現している。

2) 業界を取り巻く環境の変化

　中国においても日本と同様に生産段階と販売段階でコンフリクトが生じて

第5章 上海市における中小企業の内販戦略の新展開

いる。前者について中国では人件費の高騰が注目を集めているが，労働集約的産業である農業部門ではその影響を大きく受ける。上述のJETROの統計資料によると，中国の年平均賃金は2000年から2010年にかけて9,371元から3万6,539元へと急騰している。また，第一次産業従事者の場合，相対的に労働人口が減少しており，2000年には50％を占めていた構成比が2008年には30％台に急落しており，近年では労働力の確保も困難となっている。さらに，生産資材の上昇も顕著となっている。ベジタベ社によると，2008年から2013年にかけて1パック当たり40ｇの包材費が0.45元から0.75元へ上昇したほか，施設で野菜を栽培する際に燃料として使用する石炭の費用も10トン当たり1万元から1万4,000元へと上昇している。

こうした生産費用の上昇の一方で，2010年頃より小売段階では取引にかかる諸経費の増加が顕著となっている。例えば，2009年時点では入場料と称する口座開設費は交渉によって無料となることがあったが，近年ではほとんどの小売業で1万元程度の費用が必要になっており，特段高いところではその3倍もの費用を徴収している。また，それ以外にも取引を開始するにあたり保証金として1万元を要求するところもある。さらに，2009年当時には月々の売上の27％をテナント料として徴収していた小売店が35％を要求するようになったケースも存在している。

このような状況に加え，近年では競合者の存在も目立つようになり，ベジタベ社も元従業員が興した企業をはじめ4社と競合している。そのうちの数社では有機認証を取得している企業もあり，品質面でも競争が発生している。以下では，こうした状況のなかにあっても同社が売上を増加させた要因について，先に述べた視点にも着目しながら論じていく。

3．現体制における戦略の特徴と成立の背景

1）値上げと取引先の集約化

ベジタベ社では生産段階でのコスト高騰を受けて，2011年10月より主力商

品のリーフ野菜の販売価格の値上げを行っている。これまで同社では業務用で7元/40ｇ，小売用で15元/40ｇで販売していたのを，この年より前者では8.5元，後者では16.5元に値上げした⁽³⁾。また，時を同じくして1回の最低取引額である170元を下回る小規模な取引先とも取引の停止を行った。その結果，2009年当時170〜200社と取引を行っていたのが，2013年では140〜150社に集約されている。しかし，従来から主要な販売先となっている上海市内の高級ホテルでは，依然として全体の約70％（22社）のシェアを維持しており最大手となっている。また，取引先の集約化によって採算に合わない取引において発生する費用（例えば，クロネコヤマトによる配送費の負担等）や付き合いとして行っていた商品の購入や場の利用など⁽⁴⁾の取引にかかる諸費用を削減することが可能となった。

2）日系企業間取引の進展による売上の拡大

2009年12月よりベジタベ社が中心となって中国に進出している伊藤ハムのハム，朝日緑源の牛乳と卵，そして自社の野菜を詰め合わせた商品を上海市内の顧客に限定しクロネコヤマトが宅配するといった，いわば日系連合での事業に着手しており，自社以外の商品も取り扱っていた。しかし，現在はそのような活動を行っていない。というのは，日系企業が数多く上海に進出し，しかも一定の期間を経たことによって日本人向けに食材や生活物資を販売する専業の企業が立ち上がり，自社で行うよりも専用の業者に販売した方が効率的となったためである。この販売先は出前館という名称であり，日本人3,000世帯を会員に生鮮野菜，加工食品，飲料をはじめ，日用品雑貨，ペット用商品，文具品まで幅広く商品を販売している。取り扱っている商品の多くは日本のメーカーの商品となっている。出前館はネットでユーザーより商品を受注し，指定の時間に約50台のバイクを活用して配送する仕組みとなっている。ベジタベ社では出前館向けに20品目弱の野菜を販売している。その取引形態は午前中にネットを介して商品を受注し，その日の夜8時までに出前館指定の倉庫に商品を納品する仕組みとなっている。出前館での同社商品

の販売価格の一例を示すと，配送費込でトマト（2個）が8.5元，キュウリ（2本）が8.5元，ミニキャベツ（1個）が11元，ナスが（2本）10.5元となっている（2013年11月時点）。ベジタベ社では日本企業という関係性で2011年より新規に取引が始まっているが，2009年以降に取引が開始された新規取引のうち約7割が同社向け（年間約80万元弱）によるものとなっていることを踏まえると，中国国内での日本人向けであるもののその規模がいかに大きいかを理解できる。

3）中国人顧客向け販売の拡大

前体制では，直接販売する顧客の国籍はほぼ理解していたものの，実際に誰が食しているのかを明確に理解していなかった。とりわけ，販売先において高級ホテルに構える日本料理店が多かったこともあり，所得の高い中国人向けを意識して販売する対応を取っていなかった。しかし，現体制下では明らかにこの層を意識した販売を行っている。その行動は，米国ウォルマートグループのサムズクラブという会員制のスーパーにおいて顕著である。このスーパーはアメリカ，メキシコ，ブラジルだけでも611店舗（2013年5月現在）を展開している世界的な企業である[5]。同販売先には前体制時より月間2万元程度の販売を行っていたが，2012年より既存の欧米系の顧客に加えこの層向けを意識した商品として，リーフ野菜のほかにミニトマト等を新たに提案し，それが採用されたことによって月間12万元もの取引に発展することになった。既存顧客において，この販売先の拡大が最も大きいことからこの対応の重要性が理解できる。

4）成立要件

ベジタベ社は上述の3つを主要因に売上を拡大しているが，これらの実現にあたり次の2つの要素が背景として関係している。

1つは顧客のニーズを捉えるためのリサーチ方法の強化である。前体制でも会社設立当初は月2～3回程度社長自らが足を運ぶ事によって有益な情報

を確実かつ迅速に得るように努めるとともに，その情報を製品戦略に反映させ，よりニーズにあった商品を生産することにも努めていた。ただし，販売先だけを意識しており実際に誰が食しているのかまでは把握していなかった。また，訪問の頻度も顧客数の増加とともに低下し最終的には月１回前後となっていた。

　一方，現体制では販売先を，①日本人の経営者が営む日本料理店，②中国人経営者が営む中華料理店，③欧米人が営む日本料理店の３つに区分し，そのうち経営者が自らの店舗で働いている大口の顧客に焦点を絞り，毎週足を運ぶことによって顧客ニーズや競合者の情報，そして実際に食している最終消費者等のニーズの入手に努めている。こうした対応によって値上げの時期や価格の上昇幅の設定が円滑にいくこととなったし，喫食者についても従来は日本人が半分であったものの，今日では中国人が約６～７割となっていることも把握することが可能となり，それに伴った商品の投入も実現することができた。また，細かなニーズを把握することが可能となったのでそれに基づいた商品の生産にも対応することができ，上述のようにロス率も低下させることに成功している。なお，サムズクラブ向けの新商品の投入にあたっては，現地のネットリサーチ業者も活用しさらなる情報の入手に努めていた。具体的にはリーフ野菜の組み合わせを６種類設定してサンプルを各160パックつくり，中国人と欧米人の嗜好を探るために各対象に無償で配布するとともにその商品に対する意見を詳細に聞き，そのニーズを反映させるという重層的な対応であった。このようにベジタベ社では情報の入手の強化を行うことによって，それを生かした戦略が導入されるようになっている。

　もう１つは，供給の安定化のための対策である。日本のスーパーでもそうであるように，上海でもサムズクラブ向けをはじめ大口の顧客と取引をする際には年間の契約数量に対して欠品が許されない。換言すれば，売上を拡大するには欠品のリスクへの対応が不可欠となっている。農業の場合，とくに露地栽培では自然の影響を大きく受けるためその対応が容易ではない。ベジタベ社では施設栽培を行っているので露地栽培に比較してその影響を軽度に

第 5 章　上海市における中小企業の内販戦略の新展開

抑えることが可能となっているが，それでも収穫量は例年一定ではない。したがって，同社でもこのことについて対策が必要となっている。

　ここで注目されるのは，この対策についても日系企業のつながりが効果を発揮していることである。ベジタベ社では中国青島市のイオン（旧ジャスコ）へ商品を供給していることが縁で同社より台湾系の農業企業を紹介された。そして，2011年に欠品の恐れがあった際，実際にトマトとキャベツを調達することによってそれを防ぐことが可能となった。なお，2012年にも調達しようとした時，大幅な値上げの要請があったことから台湾系農業企業との取引は継続しなかった。そこで登場したのが上海の日本人ネットワークを介して紹介してもらった日系企業であった。この企業は中国南通市で米を生産・販売している企業である。同社がベジタベ社の指導の下で野菜を生産・販売することによって，ベジタベ社は大幅な値上げがなされた野菜の調達を回避しつつ安定的な供給もすることが可能となった[6]。この企業とベジタベ社での連携は現在も継続しており，今後ベジタベ社向けの野菜を借地予定の135haの農場のうち半分の面積で定期的に生産することが協議されている。

4．考察

　以下では，アンゾフのマトリックスを参考にベジタベ社の事業展開の段階を考察したい。この視点は全社戦略（各事業部で講じる戦略ではない）において自社の成長ビジョンを描く際に採用されるフレームワークであり，マーケティング戦略では製品市場マトリックスとしてもこの概念が援用されている[7]。成長戦略を検討しなくてはならないタイミングは，自社の成長が踊り場を迎えた時であるが，このフレームワークの特徴はビジョンの方向性を示すことに優れている点である。ここで提示されるのは，①既存の商品・サービスを既存の市場（顧客）に販売できないか［市場深耕］，②既存の商品・サービスを，新規の市場（顧客）に販売できないか［市場開拓］，③既存の市場（顧客）に新規の商品・サービスを販売できないか［商品開発］，④新

第Ⅰ部

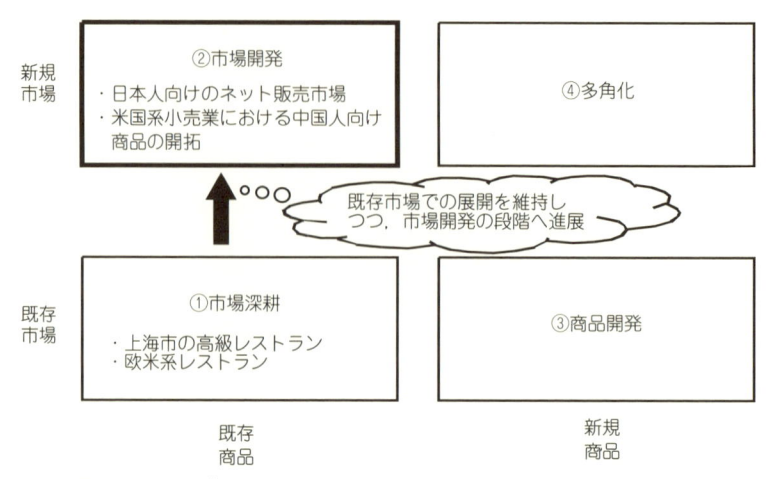

```
         既存商品              新規商品
新規  ┌──────────────┐  ┌──────────────┐
市場  │ ②市場開発      │  │ ④多角化       │
      │ ・日本人向けの │  │               │
      │   ネット販売   │  │               │
      │   市場         │  │               │
      │ ・米国系小売業 │  │               │
      │   における中国 │  │               │
      │   人向け商品の │  │               │
      │   開拓         │  │               │
      └──────────────┘  └──────────────┘
              ↑  ○○○ ＿＿＿＿＿＿＿＿＿＿＿＿＿
                 （既存市場での展開を維持し
                  つつ，市場開発の段階へ進展）
既存  ┌──────────────┐  ┌──────────────┐
市場  │ ①市場深耕      │  │ ③商品開発     │
      │ ・上海市の高級 │  │               │
      │   レストラン   │  │               │
      │ ・欧米系レスト │  │               │
      │   ラン         │  │               │
      └──────────────┘  └──────────────┘
         既存商品              新規商品
```

図5-1　アンゾフのマトリックスに基づいた事例企業の事業展開

資料：牧田［5］31頁の図をもとに筆者が加筆し作成。

規の商品・サービスを新規の市場（顧客）に販売できないか［多角化］，という4つの方向性である（**図5-1**）。

　これらのうち，①の領域で成長ビジョンを描くのは困難である。なぜなら，この領域ですでに成長が停滞している，もしくは停滞することが予測されるからこそ検討するためである。したがって，まずは②の市場開拓と③の商品開発を検討し，最後に④の多角化を検討していくことになる。なお，④の多角化を最後に検討するのは，成功すると多大な先駆者利潤を得ることができるが，その一方で新商品の開発と新規顧客の開拓を同時に行うことはコストがかかりリスクも大きいからである。

　この視点に基づき先の事業展開を位置づけると，ベジタベ社は2009年から2011年の期間において従来ほどの売上高の伸びが達成できないなか，上海の高級ホテル向けの販売を維持しつつも新たに形成された日本人向けネット市場向けと米国系小売業における中国人向けを新たに開拓し，①から②へと新展開をみせることによって，2012年から売上高を再び大幅に増加させることに成功したと判断される[8]。

5．小括

　本章の目的は課題設定の部分で提示した視点を中国で活動する日系企業の今日的動向を捉える際のキーワードと位置づけ，このことを踏まえながらどのような企業行動をみせることによって業績を拡大させているのかを解明するとともに，その内容を加味しながら対象市場の現段階を検討することにあった。

　事例企業では業界を取り巻く環境が厳しくなるなか，リサーチと安定供給のための対策強化を背景に，既存の事業については値上げと取引先の集約化を行いながらも一定の規模を維持し，一方で新規に日系企業間取引と中国人向けの販売を強化することによって売上の拡大と収益の向上が実現されている。すなわち，アンゾフのマトリックスの視点から捉えると，市場深耕の段階から市場開拓の段階に事業を展開させることによってこのような成果を得ていると判断される。ちなみに，ベジタベ社では今後の事業展開の方向として広東省を拠点に中国南方地域への展開を検討しており，いっそうの市場開発を見込んでいる[9]。それに向けて現時点では広州市郊外に農場を確保するとともに，華南地域で展開しているイオン27店舗向けを足がかりとして検討している。

　このように事例企業は上海の高級ホテル向けの野菜供給業者として最大手の位置をキープしているものの，同市で市場深耕を目指すのではなく他地域での展開を想定していることや上述のように競合企業との品質面での同質化問題に直面している点を踏まえると，大都市上海の市場動向は現地に進出し日本の技術をもって生産すれば売れるという段階ではなく，既に成熟した段階にあると推測される。また，こうした段階で不可欠となる戦略についてもその背景となるリサーチのノウハウや日系企業のネットワークは先駆的に進出しているからこそ現段階で活用できるものであり，すべての企業が持ちえるわけではないと考えられる。そのため，新規に参入しようとしている企業

にとってはこれらが参入障壁となっていることから，冒頭で触れたように進出企業の経営内容が順調に推移しつつも新規に参入する企業の数が増加していないと推測される。

　今後，本分野の研究においては，これらの推察が正しいか否かについて複数の事例を通し検証作業を行うことを期待したい。そしてその正しさが確認できれば，農林水産省が食文化，食品産業のグローバル展開において掲げる「Made by Japan」の構想においても現段階の状況を明示するとともに，そうしたなかで日系企業が成果を得るためにどのような対策を講じているかの具体例を紹介する等の対応を行い，関係各位にいっそう有益な情報を発信していくことを望みたい。そうすることで，参入を試みる企業において自社の認識と参入予定の市場の実情との間で差異が発生することを未然に予防し，ひいてはより良い事業計画の立案に寄与するのではないかと思われる。

注
（1）中小企業法で定められる中小企業は，製造業の場合，資本金3億円ないし従業員300人以下のどちらかを満たす企業である。本章では，このことを踏まえ，同社を中小規模と位置づけた。なお，わが国の食品業界において中小零細企業の割合が99％と極めて高いことは，経済産業省「工業統計調査」から理解できる。
（2）事業の従業員は2009年の時点で約40人であったが，2012年には33人となっている。2009年において同社が販売する地域は，上海市が70％，北京，大連，深圳といった上海以外の都市が30％となっていた。2012年ではその割合が上海80％，その他の地域が20％となっている。
（3）小売用と業務用の価格が大きく違うのは，後述するように小売では登録料や協賛金等の取引にかかる費用が多く必要とされるためである。
（4）例えば，催事にあわせて顧客から月餅を大量に購入するといった対応や会合の際に顧客の店舗を積極的に利用する等の対応である。
（5）イオンコンパス流通視察ツアーHPより引用。この出所によると，2011年度の売上が537億9,500万ドルに上り全米小売業全体でも8位に当たる規模であるとのこと。
http://www.ryutsu-shisatsu.com/article/14824022.html確認日：2013年12月22日。
（6）ただし，それでも売上金額の15％程度の損失が出ていたとのことである。

(7) この節の内容は，牧田［5］を参考にしている。なお，マーケティング論については，フィリップコトラー・ゲイリー・アームストロング『マーケティング原理』和田充夫・青井倫一訳，2001年，ダイヤモンド社，等でこの視点に関する記載がある。
(8) 同社ではこれ以外にも規格に合わない野菜を小売店マルシェというところで行われる朝市で販売するようになっており，ロス率の低下にも着手している。また，日系企業間取引においては，同社が花卉類の営業許可証を有していることから農場の一部で苗を委託生産し販売するようにもなっている。ただし，日系企業間取引がすべて取引に結びついているわけではない。例えば，モスバーガーやサイゼリアからも納品の打診があったものの，レタス等の野菜を手でちぎってから納品して欲しいとの条件があったため，人件費が高騰しているので対応が困難であったということもあった。
(9) まだ衛生許可を受けていないものの，加工用の原料栽培も検討しているとのことである。

引用・参考文献
［1］石塚哉史「日系食品企業における中国進出と企業行動の今日的展開」『農業市場研究』第20巻第2号，40〜45頁，2011年
［2］菊地昌弥「上海市における日系野菜製造企業の販売戦略」『農業市場研究』第19巻第4号，68〜74頁，2011年
［3］佐藤敦信・大島一二「中国における日系農業企業の事業展開とその課題—朝日緑源の事例—」『現代中国学ジャーナル』53〜61頁，2012年
［4］成田拓未「中国産対日輸出量減少と中国野菜輸出企業の事業再編—中国有機・緑色野菜市場における内販の現状と課題」『農業市場研究』第18巻第4号，42〜51頁，2010年
［5］牧田幸裕『フレームワークを使いこなすための50問』東洋経済，2010年

［付記］本研究は科学研究費補助金（課題番号23780237）の助成および東京農業大学大学院重点化研究プロジェクト（代表者：菅沼圭輔）の助成を受けた。

（菊地　昌弥・大島　一二・金子　あき子）

第Ⅱ部　解題

日系食品企業の中国展開と課題

　周知の通り，2012年３月に農林水産省は「我が国の食と農林漁業の再生のための基本方針・行動計画」に基づいて「食品産業の将来ビジョン」[1]を策定し，食品産業のあり方や展開方向を明示した。上述のビジョンでは，食品産業に期待される役割と目指すべき方向，食品産業の持続的発展に向けた共通の目的と取組内容を示すことにより，食品関連産業の市場規模（国内生産額）の拡大および農林漁業の成長産業化，を実現しようとするものである。その中で示された食品産業の目指すべき方向として，消費者，地域，グローバルの３つの視座を起点とし，「①海外市場を開拓し，グローバル化を進める企業群の形成，②独創的な食・サービスを提供し，国内需要を拡大する企業活動の活性化」の併存する状況が望ましい旨，記載されているように国内市場の深耕に加え，海外市場も対象とされている。

　とりわけ，近年の経済成長が著しいアジア市場の需要への期待は大きく，翌年（2013年８月）に策定された「農林水産物・食品の国別・品目別輸出戦略」では，食文化・食産業のグローバル展開とFBI戦略（Made From Japan, Made by Japan, Made In Japan）においても日本の農林水産業・食品産業の発展のためには，アジアを中心とした世界の食市場の成長を取り込むことを重要課題と位置づけられ，現在に至っている[2]。こうしたなかで食品産業のアジアにおける展開をみていくと，2000年代に入り活性化を示しつつある。

　表Ⅱ-1は，最近の食品産業のアジアにおける現地法人数の推移を示したものである。この表をみると，2012年時点において694社が現地法人を設立しており，近年は緩やかでありながらも増加傾向にあることが読み取れる。業種別にみると，「食料品製造業」が60％程度と過半数の比率を占めており，次いで「流通，貿易」，「飲食店」となっており，食料品製造業が重要な位置

表Ⅱ-1　食品産業のアジアにおける現地法人数の推移

(単位：社, %)

	合計		食料品製造業		飲食店		流通, 貿易 (物流含)	
	実数	構成比	実数	構成比	実数	構成比	実数	構成比
2005年	533	100.0	329	61.7	41	7.7	163	30.6
2006年	554	100.0	327	59.0	48	8.7	179	32.3
2007年	577	100.0	357	61.9	46	8.0	174	30.2
2008年	588	100.0	379	64.5	53	9.0	156	26.5
2009年	612	100.0	387	63.2	57	9.3	168	27.5
2010年	653	100.0	404	61.9	62	9.5	187	28.6
2011年	667	100.0	401	60.1	68	10.2	198	29.7
2012年	694	100.0	413	59.5	73	10.5	208	30.0

資料：東洋経済新報社『海外進出企業総覧』各年版を基に作成。
注：対象国・地域は，中国，香港，シンガポール，台湾，韓国，マレーシア，タイ，フィリピン，インドネシア，ミャンマー，カンボジア，ベトナム，バングラデシュ，インド

を担っている。2012年のアジアにおける現地法人数（694社）の内，国別の構成をみると，中国が最大進出地域であり，その数は330社（47.6％）と半数弱のシェアを占めている。第2位であるタイの現地法人数が88社（12.7％）であることを踏まえると，中国への集中度が著しいことが理解できる。それに加えて，日経MJ新聞が実施した食品産業向けの調査結果[3]によると，「海外出店を積極化する，又は今後進出を予定する企業の出店先」を問うたところ，中国が首位であったことからも今後も継続して企業展開が活発に行われるものと想定されよう。

このように食品産業による中国市場への展開への期待が高まる中で，日系食品企業の中国進出に関する既存研究を整理すると，以下の2点が指摘できる。第1は中国産食品の輸入増大の要因や開発輸入の実態に関する研究であり，1990年代後半から活発に行われている。第2は2000年代に入り中国国内市場への参入や販売事業に関する研究が行われるようになっている。

現在，中国国内において販売事業を実施している日系食品企業の中に加工食品や中国人向けの製品流通を開始した企業が以前より見受けられるようになったものの，中国国内での販売事業の実態に関する研究は緒に就いた段階にあり，後者に関連する研究成果は，業界の期待度に反して未だに不明瞭な点が多く存在するといえる。

第Ⅱ部　解題

　そこで本書の第Ⅱ部（第6章～第9章）では，現在，日系食品企業が中国で取り組んでいる内販事業に着目し，主に中国国内での新規販路開拓および販路確保に関連する流通・販売事業の展開に焦点をあてて検討している。
　なお，第Ⅱ部において各章で取り上げる内容は以下の通りである。
　はじめに第6章（「日系食品企業における中国国内での製品・販売戦略の新展開」石塚哉史）では，ナッツ・シード類および小麦粉関連製品という業務用需要に対応した1次加工品を製造する食品企業の調査事例から，日系食品企業が中国で取り組んでいる製品・販売戦略を現段階と問題点について検討している。分析の結果，日系食品企業による技術水準の高さに裏打ちされた製品の優位性を示すことができなければ，中国国内での販路開拓が困難であると指摘している。
　つぎに第7章（「中国の日系食肉加工企業における対日輸出から中国内販へのシフト」佐藤敦信・大島一二）では，食肉加工企業の調査事例に基づき，対日輸出（開発輸入）から中国国内販売（内販）へシフトした展開過程の現状と課題を検討している。分析の結果，対日輸出から中国内販へのシフトした理由は，販売チャネルの増設によって販路の一極集中を避けたリスク分散を図った企業戦略であると位置づけている。また日系食品企業が中国内販を維持・拡大させるために克服すべき課題として，複数チャネルの維持が重要であり，それに伴う各チャネルに対応したブランド管理業務等の取組強化が求められていることを明らかにしている。
　さらに第8章（「企業のグローバル化と食文化交流」董永傑）では，中国国内での内販を恒常化する上で現地の消費者との食文化交流を通じた異文化理解を推進することが重要と捉え，調味料製造企業（による交流事業）が現地での当該企業および製品の普及に与える効果を検討している。分析の結果，現地消費者との食文化交流は，企業と製品の知名度向上に対して一定程度の貢献が確認できることを明らかにしている。
　最後に第9章（「食用油脂企業の海外戦略」チョウサンサン・金子あき子・

大島一二）では，中国・東南アジアを含めたアジア地域で多角的な事業展開に取り組んでいる食品油脂企業の事例を中心に，海外戦略において中国内販がいかなる位置づけにあるのかを示すとともに，現在抱えている課題を明らかにしている。分析の結果，調査対象企業が海外展開で蓄積した経験に加えて，現地市場特有のニーズを取り込む等新旧の販売戦略を融合させるという多様な展開を示すことが，中国内販の販路開拓において効果的であると指摘している。

　各章の内容を踏まえると，食品企業による中国内販の展開は，対日輸出（日本向け開発輸入）と内販を併存するケースが多く，限定された範囲での流通ということは否めないものの，沿海部の都市部を中心に拡がりを確認することができよう。それに加えて，本書の調査対象企業から得た共通する事象として，製品差別化およびチャネル管理という2点の取組強化が中国での内販の重要なポイントであることを示唆している。さらに日中両国の間に存在する調理・消費方法および代金回収（商習慣）の差異等への対応も克服すべき事象であり，日系食品企業が自主的・間接的を問わず管理体制の強化を行う必要性を説いている。

　このような状況下において，日系食品企業は中国国内での市場拡大を目的とした新規販路の開拓を実現するため，積極的に取り組んでいる企業も確認されており，新たなトピックとしてその展開過程についても一定程度の言及を行っている。本書の調査対象企業では，アンテナショップ（第6章）およびショールーム（第9章）の開設，食文化交流事業（第8章）の実施等という流通チャネルおよび消費者へ向けたセールス・プロモーションを重視している点が示されている。これらの調査対象企業の取組から，日系食品企業による中国市場における加工食品のマーケティングが深化していることが理解できよう。

　以上のことから，日系食品企業による中国内販の展開は，未だ萌芽的な段階にあると判断でき，今後の企業戦略の高度化，成熟化を志向した企業展開が示されていくものと予測される。これらの事象は，日系食品企業による中

国内販の動向を判断する上で十分に注意を払う必要があると思われるため，当研究グループは引き続き同様の食品企業調査を行いたいと考えている。

注
（1）詳細は，農林水産省HP（http://www.maff.go.jp/j/press/shokusan/rutu/120330.html）を参照されたい。
（2）農林水産省食品産業局『食品産業レター』2013年8月臨時号および小川良介「食文化・食産業のグローバル展開について」『日本貿易会月報』2013年7・8月号，12〜13頁参照。
（3）農林水産省「グローバル・フード・バリューチェーンの構築について」2014年4月参照。

（石塚　哉史）

第6章

日系食品企業における中国国内での製品・販売戦略の展開
―Y有限公司およびX有限公司による1次原料加工品の事例を中心に―

1．本章の課題

　周知の通り，日系食品企業における中国進出の目的を大別すると，「豊富な低賃金労働力や原料の存在に着目し，日本国内よりも製造コストの大幅な削減を実現し，開発輸入を行う進出」および「日本国内市場における需要停滞を見越し，新規需要獲得のために中国国内市場参入を行う進出」の2点が指摘できる[1]。上述の様な目的の下，日系食品企業は1990年代の進出当初においては日本向けの開発輸入を目的とした企業が主流であった。しかしながら，最近では日本国内の少子高齢化および景気動向の停滞等の影響を鑑みて，大手食品企業による中国国内販売の開始という新たな動向が見受けられるようになっている。

　こうした中で日系食品企業の中国進出に関する既存研究を整理すると，以下の2点を指摘することができる。第1は，中国産食品の輸入増大の要因および開発輸入の実態に関する研究であり，1990年代後半から活発に行われている[2]。これらの研究は日系食品企業による中国進出のメリット，原料調達および流通ルート，残留農薬問題以降の日系食品企業による対応まで広範な範囲に渡った分析が行われている。第2は，中国国内市場への参入や販売事業に関する研究成果である[3]。この種の研究成果による特徴を整理すると，①加工技術水準が低いカット野菜等の生鮮に近い製品に傾倒している点，②日本人駐在員や高級ホテル等の販路が限定されている点を明らかにしている点，が指摘できる。

第6章　日系食品企業における中国国内での製品・販売戦略の展開

　現在，中国国内において販売事業を実施している日系食品企業の中に加工食品や中国人向けの製品流通を開始した企業が以前より見受けられるようになったものの，中国国内での販売事業の実態に関する研究は緒に就いた段階に有り，未だに不明瞭な点が多く存在するといえる。

　そこで本章の目的は，日系食品企業が中国国内において原材料加工（1次原料）品を販売する上でいかなる取り組みを実施しているのかを明らかにすることにおかれる[4]。具体的には，マーケティングの重要な視点である製品・販売戦略[5]に焦点をあてて検討していく。

2．日系食品企業の原材料加工品における中国国内販売戦略の今日的展開

1）調査対象企業の概要

　本章では，日系食品企業による中国国内販売状況を示した統計資料等が未整備であることを踏まえ，筆者グループが実施した日系食品企業での訪問面接調査の結果を中心に分析していく。なお，本章に係る調査は，2010年3月，8月に吉林省でY有限公司，同年9月および2011年3月にX有限公司において訪問面接調査を実施した。これらの訪問面接調査は，両社共に経営者，生産管理者の役職員を対象に実施したものである。

（1）Y有限公司（吉林省）

　Y有限公司は，吉林省延辺朝鮮族自治州（以下，「延辺自治洲」とする）延吉市に立地しており，2004年に設立された「独資」[6]企業である。資本金は665万ドルであり，菓子原料を主力品目とした日系商社であるS社が100％出資している。Y有限公司以外にも上海市，山東省青島市，寧夏回族自治区に系列企業を進出させている。主な業務内容は，松の実，クルミ等のナッツ・シード類の加工である。調査時点の従業員数は350名であり，松の実の収穫時期に臨時的に150人雇用している。

(2) X有限公司（山東省）

X有限公司は，山東省青島即墨市に立地しており，2005年に設立された「独資」企業である。資本金は720万ドルであり，日系食品企業N社（40％）および系列会社（60％）というN社グループのみの出資で運営されている。主な業務内容は，小麦粉関連製品および加工食品の製造・販売である。従業員数は110名を雇用している。敷地総面積は7万2,727㎡であり，その内建物面積は7,800㎡である。年間生産能力は9,000トンである。

次節以降，Y有限公司は松の実，X有限公司は小麦粉・プレミックス粉の販路確保を中心とした取組事例を中心に言及していく。このように，前述の品目を分析対象とした理由は，現地の消費者，中食・外食産業において日常的に消費が見受けられ，中国系企業も取扱品目としている（中国系企業の製造が恒常的に行われており，国内に市場が存在している）ために日系食品企業の販路確保に係る取組が明確に分析できる品目と判断したことがあげられる。

2）セールスプロモーションおよびアンテナショップを利活用した販路確保の現段階—Y有限公司の事例—

Y有限公司は，延辺自治州内に豊富に存在している松の実の安定供給および現地の低賃金労働力を活用した加工コスト削減を目的として中国へ進出している[7]。進出以前の原料調達は中国系商社から松の実（乾燥加工を施した製品）の買付を行っていた。

図6-1は，Y有限公司における松の実の加工工程および流通ルートを図示したものである。この図から，原料調達は契約関係にある産地仲買人から行われていることが理解できる。調査時点に契約関係にある産地仲買人は全体で20人存在していた。Y有限公司は，昨今の中国産農産物の安全性に関するニーズに対応するために農薬等を一切使用しない山間部に自生している松の実の収穫を契約関係を構築している産地仲買人に義務づけている。

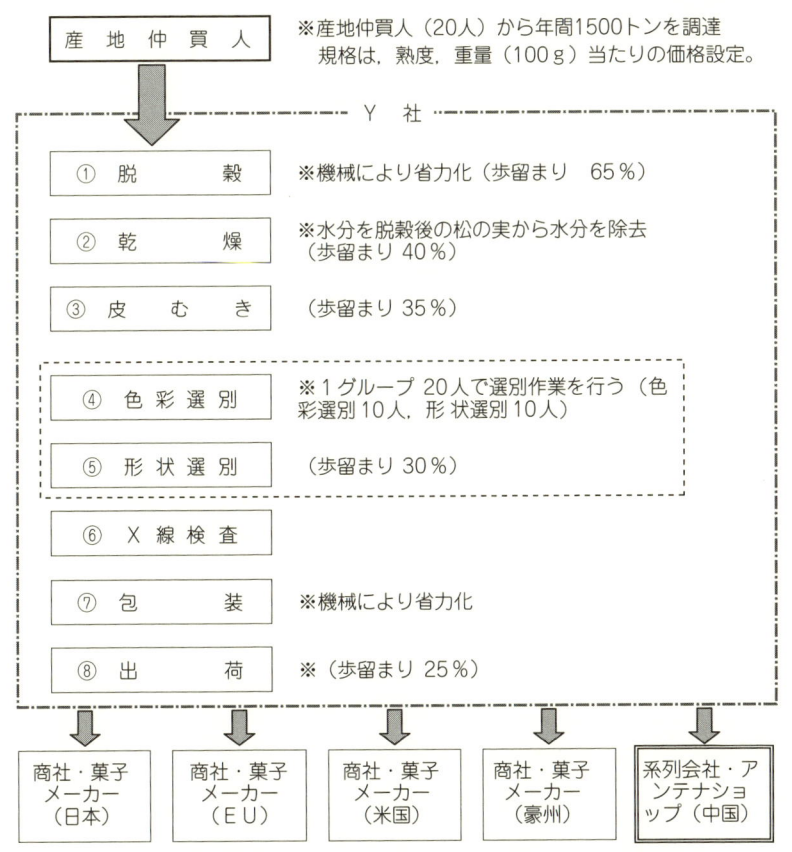

第6章　日系食品企業における中国国内での製品・販売戦略の展開

```
┌─────────────┐
│ 産 地 仲 買 人 │  ※産地仲買人（20人）から年間1500トンを調達
└─────────────┘    規格は，熟度，重量（100ｇ）当たりの価格設定。
       │
       ▼
┌ ─ ─ ─ ─ ─ ─ ─ ─ ─ ─ ─ Ｙ 社 ─ ─ ─ ─ ─ ─ ─ ─ ─ ─ ─ ┐
│ ┌─────────┐                                          │
│ │① 脱　　穀│  ※機械により省力化（歩留まり　65％）  │
│ └─────────┘                                          │
│ ┌─────────┐                                          │
│ │② 乾　　燥│  ※水分を脱穀後の松の実から水分を除去  │
│ └─────────┘   （歩留まり40％）                       │
│ ┌─────────┐                                          │
│ │③ 皮むき　│  （歩留まり35％）                      │
│ └─────────┘                                          │
│  ┌ ─ ─ ─ ─ ─ ─ ─ ─ ─ ─ ─ ─ ─ ─ ─ ─ ─ ─ ─ ─ ┐       │
│  │┌─────────┐  ※1グループ 20人で選別作業を行う（色│
│  ││④ 色彩選別│   彩選別10人，形状選別10人）         │
│  │└─────────┘                                │       │
│  │┌─────────┐                                │       │
│  ││⑤ 形状選別│  （歩留まり30％）              │       │
│  │└─────────┘                                │       │
│  └ ─ ─ ─ ─ ─ ─ ─ ─ ─ ─ ─ ─ ─ ─ ─ ─ ─ ─ ─ ─ ┘       │
│ ┌─────────┐                                          │
│ │⑥ X線検査│                                         │
│ └─────────┘                                          │
│ ┌─────────┐                                          │
│ │⑦ 包　　装│  ※機械により省力化                    │
│ └─────────┘                                          │
│ ┌─────────┐                                          │
│ │⑧ 出　　荷│  ※（歩留まり25％）                    │
│ └─────────┘                                          │
└ ─ ─ ─ ─ ─ ─ ─ ─ ─ ─ ─ ─ ─ ─ ─ ─ ─ ─ ─ ─ ─ ─ ─ ─ ─ ┘
   │        │        │        │        │
   ▼        ▼        ▼        ▼        ▼
┌──────┐ ┌──────┐ ┌──────┐ ┌──────┐ ┌──────────┐
│商社・│ │商社・│ │商社・│ │商社・│ │系列会社・│
│菓子  │ │菓子  │ │菓子  │ │菓子  │ │アンテナ  │
│メー  │ │メー  │ │メー  │ │メー  │ │ショップ  │
│カー  │ │カー  │ │カー  │ │カー  │ │（中国）  │
│(日本)│ │(EU) │ │(米国)│ │(豪州)│ │          │
└──────┘ └──────┘ └──────┘ └──────┘ └──────────┘
```

図6-1　Y有限公司における松の実の加工工程および流通ルート

資料：ヒアリング調査結果から作成。

　一般的に松の実は業務用需要が多く，菓子加工企業および菓子店等においてチョコレート，クッキー等菓子の装飾用食材として利用されており，乾燥加工が品質の優劣を判断する基準となっている[8]。Y有限公司の松の実加工は，「脱殻」および「乾燥」後は，労働集約的な作業（「皮むき」，「選別」）が中心であり，日本と比較すると労賃が安価な中国において加工コストの削減を実現しやすい品目であるといえる。松の実の収穫期以外には，中国国内の他地域（山西省，雲南省，新疆ウイグル自治区：パンプキンシード，くる

75

み），オーストラリア（マカダミアナッツ），アメリカ（カシュナッツ）から原料調達を行い，選別・加工を施した後に日本へ輸出している（松の実以外の中国産と輸入品の比率は各50％）。

2009年におけるY有限公司の年間販売総量は3,500トンであり，日本本社へ2,200トン（62.9％）輸出し，残りは，オーストラリア500トン（14.3％），アメリカ300トン（8.6％），EU（フランス，イタリア，ドイツ）300トン（8.6％）等へ販売している。中国国内では約100トン（3.0％）を系列会社（上海市）へ販売している。品目別構成は，松の実67％，パンプキンシード6％，サンフラワー6％，クルミ6％，杏仁10％，その他5％である。なお，主力品目の松の実は，その大半を海外へ輸出している。

中国国内への販路確保の取組をみると，系列会社（上海市）への原材料販売およびY有限公司直営の直販の2点があげられる。系列会社への原材料販売（1次加工品）は，主に松の実を出荷しており，ベーカリー，卸売業者を中心に販売されている。上海市の系列企業内にはテストキッチン（収容人数80～100人）を設置しており，取引先のベーカリー等を対象としたセミナーおよび研修（内容は調理方法や栄養・効能等の知識啓発）等を年間10回程度開催している。この点は販路確保を推進するためにY有限公司の現存・新規の販売先を問わず不特定多数の実需者に対してセールス・プロモーションを積極的に実施していることが理解できる。

次にアンテナショップ（最終製品）をみていこう。この形態による販売はY有限公司独自の試みとして，2009年に延吉市内に自社直営のアンテナショップを開店した。販売品目は，味付ナッツ類（松の実，クルミ，アーモンド），チョコレート，アイスクリーム等であり，販売数量は全体の2～3％程度である（半年間の数値見込（調査時点））。当初の計画では同1％程度と見込んでいたが現段階では好調な売上である。更なるアンテナショップによる直売のシェアを拡大するために2010年7月に第3号店を延吉市内へ出店した。

それに加え，2010年中に延辺市校外の住宅地へ更に1～2店舗を同様の形態で開店予定である。アンテナショップは市内の百貨店・量販店に出店して

おり，店舗面積は10～13㎡，店員2名と小規模なものであるが，アイスクリームのトッピング（松の実，ナッツ，チョコレートソース，ジャム等）を店員が提供するサービスが中国国内の販売形態では見受けられず斬新なため消費者の関心を集めている。

販売価格は，中国企業と比較すると高額であり，現地企業の販売価格を100とすると，Y有限公司の販売価格は，アイスクリーム1,000～1,500，ナッツ類は500～600という大きな価格差が存在していた。経営者へのヒアリングによると，購入する消費者の大半が朝鮮族（朝鮮族自治州に立地しているため）であり，漢民族と比較すると（朝鮮族は韓国との貿易業務を担う者および出稼ぎ者が主流），所得水準が高く，現状の価格設定でも特段消費に影響はないと判断していた。

この様にY有限公司は，アンテナショップによる直販という形態で中国国内でのチャネルの開拓を行っている。自社による小売販売は代金回収問題の克服に加え，製品に対する消費者意識および消費動向にも円滑に対応でき，メリットが大きいと考えられる。

3）中食・外食需要に対応した販路確保―X有限公司の事例―

X有限公司が中国国内での販売を開始した契機は，近年の日本国内における食品産業を巡る環境が厳しくなりつつあり，それらの事態に対応したものである。その主要な内容は，①穀物価格の高騰にも関わらず，国内景気の低迷から販売価格の上昇等対応が困難である点，②大手量販店・コンビニエンスストアチェーンの販路確保に係る競争が激化しており，コスト削減が極めて厳しい段階にある点，③新規商品のライフサイクルが短期間となり，商品開発への負担が大きい点，④少子高齢化が進展しており，将来的には人口減少が見込まれるために新規市場の開拓が必要な点，の4点があげられる。

なお，新規市場として中国国内での販売を選択した理由は，中国は経済発展が継続しており，国民の消費金額が増加傾向にあり，将来的に先進国と同等の食文化および洋食に関連する食品の需要増加が見込めると判断したため

である。山東省へX有限公司を建設した理由は，①主要な販売先である日本国内のプレミックス粉（小麦粉および澱粉，砂糖，塩等を配合させた調製粉。主に食品原料として利用）のユーザーの多数が生産ラインを中国へシフトさせている点，②出資元であるN社および系列グループが，X有限公司以外に山東省内に2ヶ所の現地法人（プレミックスの製造・販売，食品の検査機関）を有しており，製造・販売が円滑に行えるというメリットが存在する点，の2点が指摘できる。

X有限公司は，中国での販売する上で製品戦略を重視しており，近年増加傾向にある中・高所得者層を中心に食品への安全・安心への消費者意識の高まりに対応した製品供給を推進している。X有限公司幹部によると，2008年に相次いで発生した中国系食品企業による食品関連事故（冷凍餃子農薬中毒事件，メラミン混入粉ミルク事件）により，中・高所得者層の乳幼児を持つ保護者層を中心に食品企業への不信感が高まっているとのことである。こうした点を踏まえて，残留農薬試験等の安全検査は中国資本企業よりも管理の徹底を義務づけることとなった。すなわち，日本国内で流通する製品と同行程の検査を実施している。

トレーサビリティに関しては，主原料（年間使用料4,500トン）である小麦粉を例にみていこう。現在の中国産小麦では原料供給を行う生産者は零細農家が大半であり，トレーサビリティに不向きであり，品質格差の発生および安定供給が困難という問題点が生じている。そのため，全量をトレーサビリティに対応可能な小麦生産国からの輸入（オーストラリア70％，アメリカ15％，カナダ15％）により調達している。製品へ加工した段階では，日本国内の製品と比較すると，フレーバーおよび味付けを強く設定し，中国国内の市場へ対応している。

図6-2は，X有限公司における小麦粉・プレミックス粉の流通ルートを図示したものである。この図から，製品の販売先をみると，上海市・広州市を中心に華東・華南地域を中心に流通している。販売部門が上海市に立地しており，現在200件の事業者との取引を成立させている。小麦粉・プレミック

第6章　日系食品企業における中国国内での製品・販売戦略の展開

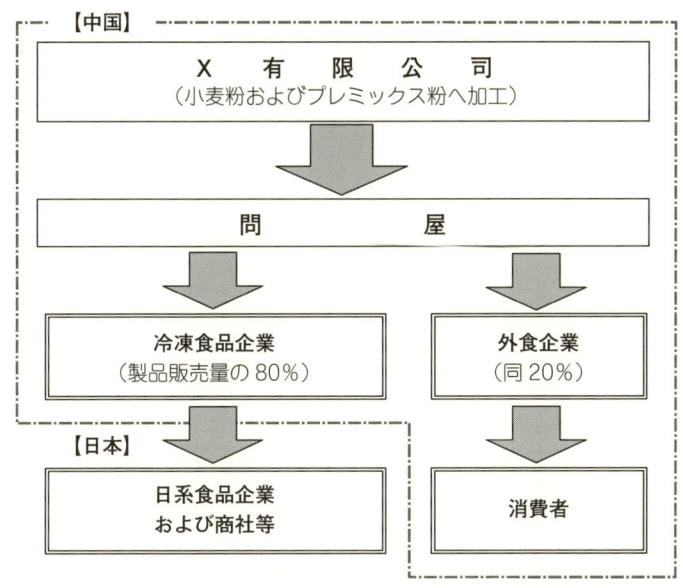

```
【中国】
┌─────────────────────────────────┐
│      X 有 限 公 司                │
│   （小麦粉およびプレミックス粉へ加工）│
└─────────────────────────────────┘
              ↓
┌─────────────────────────────────┐
│         問         屋            │
└─────────────────────────────────┘
        ↓                ↓
┌──────────────┐   ┌──────────────┐
│ 冷凍食品企業  │   │  外食企業    │
│（製品販売量の80％）│   │ （同20％）   │
└──────────────┘   └──────────────┘
        ↓                ↓
【日本】
┌──────────────┐   ┌──────────────┐
│ 日系食品企業  │   │   消費者     │
│ および商社等  │   │              │
└──────────────┘   └──────────────┘
```

図6-2　X有限公司における小麦粉・プレミックス粉の流通ルート
資料：ヒアリング調査結果から作成。

ス粉の主要販売先の構成は，中国国内に立地する冷凍食品企業（80％）と外食企業（20％）である。前者は販売先で揚げ物・フライ等の調理食品に加工を施され，最終的には対日輸出仕向製品となっている。後者は米国系大手外食チェーンにおいて全量中国国内で消費されている。これらの販売戦略としては，代金回収は自社で執行するのではなく，中国の商慣習に精通した問屋等流通業者に代行させて実施している。更に取扱量が少量である事業者（100社程度）に対しては前金による代金決済を行っている。この様な代金回収であってもX有限公司の製品は，中国国内の同業者と比較すると，購入するユーザーのニーズおよびオーダー（配合比率，メッシュ等）に柔軟に対応しているために現時点では問題は生じていなかった。

　X有限公司は，今後の事業展開に原材料加工品であるプレミックス粉よりも加工度の高いパスタに代表される麺等加工食品の製造・販売を図り，取扱品目数の拡大を計画していた。現時点では敷地面積の利用率が1/3程度であ

るため生産ラインの増設は可能と想定されるものの，中国系企業を中心に新規販路の確保という供給ルートの新設が課題といえよう。

3．小括

本章では，日系食品企業における中国国内での販売事業の今日的展開について，現地での企業調査の結果に基づき，原材料加工品の製品戦略および販売戦略の現段階と課題を中心に検討してきた。日系食品企業による中国国内での販売事業の現段階であるが，以下の2点を指摘することができる。

第1は，中国系企業と比較して高度な加工水準，安全・安心を前面に出した品質保証等を活かした製品差別化を図り，日系食品企業による技術水準をアピールすることが可能な製品の販売が主流であった。第2は，その製品差別化で示した優位性を活かし，業務・家庭内消費を問わず積極的なセールスプロモーションを実施し，販路確保を推進していた。事例企業では，直販，テストキッチン，アンテナショップの事業を設置したことによって得られた企業独自のデータを基に中国国内の消費動向へ適応するよう努めていた。上述の2点からは，現時点において日系企業の製品の安全性や品質について中国人消費者（高所得者層が中心）の関心が高い点から，中国系企業との製品差別化を図ることが中国国内での販路確保の成否を決めるポイントであると考えられよう。

このように，日系食品企業は中国国内での販売を順調に行いつつあるが，今後の販路拡大に向け幾つかの課題が残されている。製品戦略では，中国のインフレに伴う人件費の高騰が継続するならば，「ユーザー毎に対応した製品流通」に対応することは困難となり，日系食品企業の優位性が見出しにくくなる可能性が懸念される。このことに円滑な対応をしなければ，中国国内での競争力の維持が厳しくなることが容易に想定される。また販売戦略に関しては，新規販路として中国系企業への流通量を増やさなければ，日系食品企業間で限られた外資系企業の販路を競争する可能性が高くなることが想定

第6章　日系食品企業における中国国内での製品・販売戦略の展開

される。

　以上の結果を踏まえると，今後の日系食品企業による中国国内での販売事業は，新たな販路確保戦略を構築することが成否の鍵を握るものと考えられる。特に現在の主要な販売先は日系企業や外資系企業と中国系企業と異なるためにその範囲は小規模なものとなっている。今後は中国系企業への販路開拓の必要性が高まるといえるが，代金回収等中国独自の商慣習への適応という課題が存在しており，その克服が必要といえよう。

　こうしたことから，今後日系食品企業が生産部門のみでなく流通・販売部門まで範囲を拡げ，中国国内販売に関するマーケティングが活発な展開を示すものと予測される。従って，筆者は今回分析した販路確保以外のマーケティングについて今後も継続して調査を行い多角的に検討していきたい。

［付記］

　本章は，平成22年度財団法人日本生命財団環境問題研究助成（若手研究助成）の成果の一部である。なお，財団法人日本生命財団には助成金を交付いただき，感謝申し上げる。

注
(1) 張［12］は日系企業による対中投資の動機をコスト（中国国内）と市場の2点と指摘している。
(2) 石塚［2］，石塚・大島［4］，王［6］，大島［7］，菊地［8］，斉藤［10］，坂爪等［11］，陳［13］，藤島［15］を参照。
(3) 菊地［9］，成田［14］を参照。
(4) 本章は，石塚哉史「日系食品企業における中国国内向け販売戦略の今日的展開」『農業市場研究』第20巻第2号，日本農業市場学会，40〜45頁，2011年，および石塚哉史・相良百合子・大島一二「日系食品企業における中国国内販売事業の今日的展開―山東省の事例を中心に―」『農林業問題研究』第48巻第1号，地域農林経済学会，132〜137頁，2012年，をベースに加筆・修正し，再構成したものである。
(5)「製品戦略」は消費者の欲求にあう製品開発を行い，市場化するための戦略が中心である。「販売戦略」は，消費者の購入を容易にするためにどのような流

通経路の選択を行ったり，新たに開拓するのかを決定する戦略である。詳細は，相原 [1] を参照。
(6) 外資系企業による中国進出の形態は，①「独資」（外資系企業が，100％出資する形態），②「合弁」（外資系企業が中国系企業と共同出資する形態），③「合作」（技術提携および買付等を目的とした資本関係が存在しない形態）。詳細は，稲垣 [5]，石塚・大島 [3] を参照。
(7) 従業員数は350人，平均賃金は月額800元（日本円換算：1万2,000円）である。
(8) 生産管理者を対象とした面接調査によると，収穫後速やかに乾燥を行い，水分を除去する点が良質な松の実を供給（出荷）する上で重要視する作業である（収穫時の重量を100.0とすると，出荷時は25.0である）。

参考文献
[1] 相原修『ベーシックマーケティング入門』日本経済新聞社，1995年
[2] 石塚哉史「加工食品輸出企業の課題」『農業市場研究』第64号，2006年
[3] 石塚哉史・大島一二「日系漬物企業の中国進出と原料調達の現状」『1998年度日本農業経済学会論文集』日本農業経済学会，1998年
[4] 石塚哉史・大島一二「日系食品企業による中国での食品加工事業の展開」『1999年度日本農業経済学会論文集』日本農業経済学会，1999年
[5] 稲垣清『中国進出企業地図』蒼々社，2002年
[6] 王海平「中国山東省における野菜の加工生産および日本商社によるその輸入」『開発学研究』第52号，1999年
[7] 大島一二『中国野菜と日本の食卓』芦書房，2007年
[8] 菊地昌弥『冷凍野菜の開発輸入とマーケティング戦略』農林統計協会，2008年
[9] 菊地昌弥「上海市における日系野菜製造企業の販売戦略」『農業市場研究』第76号，2011年
[10] 斉藤高宏『開発輸入とフードビジネス』農林統計協会，1997年
[11] 坂爪浩史・朴紅・坂下明彦『中国野菜企業の輸出戦略』筑波書房，2006年
[12] 張紀潯「日本対中投資の現状と問題点」林華生『転機に立つ中国』蒼々社，2011年
[13] 陳永福『野菜貿易の拡大と食糧供給力』農林統計協会，2001年
[14] 成田拓未「中国野菜対日輸出量減少と中国野菜企業の事業再編」『農業市場研究』第72号，2010年
[15] 藤島廣二『輸入野菜300万トン時代』家の光協会，1997年

（石塚　哉史）

第7章

中国の日系食肉加工企業における対日輸出から中国内販へのシフト
―山東省NI社の事例―

1．本章の課題

　これまで日本の食品製造企業・輸入商社は開発輸入を主目的として中国に進出し，同国で低いコストで生産した冷凍野菜などの加工食品を日本に輸出してきた。しかし，対日輸出を取り巻く環境をみると，2002年に残留農薬問題が発生し，その後，対日野菜輸出企業では企業農場制を基礎とした品質管理システムの構築が不可欠になったこと[1]，さらに，2006年には日本のポジティブリスト制度が施行されたこと，などにより対日輸出企業にたいする規制は強化されつつある。それとともに対日輸出企業にとっては，輸出にかかる取り組みの増加に伴い，コストやリスクも増加した。その一方で，中国国内の消費者においては高品質食品への需要が高まっている。このことから一部の対日輸出企業では自社製品について，輸出は継続するものの，新たに中国内販にも力点を置き，徐々に増大しつつある中国の消費者の需要に対応し始めている。これまで日本の食品輸入において中国産は大きなシェアを維持してきた。そのため，中国産食品の対日輸出から中国内販へのシフトといった動向は，日本の食品供給に大きな影響を与える可能性が指摘できる。
　ただし実態としては，対日輸出企業が中国内販に着手し，徐々に中国内販にシフトしている場合でも，中国内販と対日輸出双方に取り組むことになる。それは，中国内販に特化した販路拡大戦略には依然として課題が残されており，安定的な販路を維持・拡大するためには，中国内販と対日輸出双方の相互補完が重要になるからである。

そこで本章では，食肉製品を製造し，対日輸出と中国内販双方に取り組みつつ，中国内販の比重を徐々に高めている山東省NI社を事例にして，中国の食肉加工企業において対日輸出から中国内販へとシフトしている現状とその課題について明らかにする。

2．中国産畜産物の消費拡大と対日輸出

本章での事例企業は主に食肉製品を取り扱っていることから，まず中国産畜産物の消費量と輸出額の推移について整理したい。

中華人民共和国国家統計局編『中国統計年鑑』から，中国における豚肉，鶏肉，牛肉，羊肉の1人当たりの年間消費量を合算し整理してみると，1990年は都市部では25.2kg，農村部では12.6kgであったのにたいして，2011年はそれぞれ35.2kg，23.3kgとなっており，各年で増減についてある程度の変動はみられるものの，ともに概ね増加傾向を示している[2]。また生産量についても，2000年以降は増加傾向にあり，FAOSTATによると，豚肉，鶏肉，牛肉，羊肉の生産量は，それぞれ2000年が4,075.1万トン，906.4万トン，479.5万トン，147.8万トンであったのにたいして，2011年には5,153.5万トン，1,208.2万トン，618.2万トン，205.0万トンとなっている。近年，中国では所得向上に伴い，とりわけ都市部の高所得者層において畜産物をはじめとする動物性タンパク質の摂取が拡大しているのである。

次に，中国の畜産物輸出における総輸出額と対日輸出額の推移について，中華人民共和国海関総署編『中国海関統計年鑑』からみてみる。中国の畜産物の総輸出額は1995年の13.5億ドルから2011年の29.4億ドルへと増加している。その中で，対日輸出額についても1995年の5.5億ドル（総輸出額の40.7％）から増加し，2011年は12.4億ドル（同42.2％）となっている[3]。畜産物の輸出が拡大している中で，依然として日本は輸出先として大きなシェアを占めていることが分かる。しかし，対日輸出のシェアは大きく拡大しているわけではなく，生産量の増加からみると，中国内販を含めた日本以外への供給が

第7章　中国の日系食肉加工企業における対日輸出から中国内販へのシフト

拡大しており，その重要性も増してきているといえよう。

　さらに，日本貿易振興機構が2010年に日系企業を対象として実施したアンケート調査では，中国における食料品製造業の現地市場開拓へ向けた今後の取り組み方針にたいする回答として，「現地市場開拓を（輸出よりも）優先する」が65.9％，「現地市場開拓と輸出に同じ優先度で取り組む」が25.0％となっており，約9割の食料品製造企業において中国内販への高い意識がみられる[4]。これらのことから，内需の拡大と外需の堅持によって，中国における豚肉を中心とした畜産物の加工製造業も今後，さらに成長すると推測される。

3．事例企業における中国内販への取り組み

1）事例企業の概要

　本章で事例とするNI社は，2002年に中国資本の食品製造企業R社[5]と日本の食品メーカーN社が山東省に設立した合弁企業である。2010年の時点で資本金は500万ドルで，従業員数は400人（そのうち工場作業員数は350人）である。

　NI社の取扱品目についてみると，同社ではN社の主力商品であるハムやソーセージだけではなく，豚肉を使用した炭火焼き製品やフライ食品などの食肉製品も製造している。近年の取扱比率をみると，ハムやソーセージは17～18％にとどまっている一方で，他の食肉製品の製造が拡大するなど，特定の食肉製品に収斂せず，多品目化が指向されており，いずれの製品もNI社の主力商品となるまでには至っていない。

　2012年時点での輸出と中国内販双方の年間販売額をみると，ともに約4,000万元となっている[6]。NI社では2005年に中国内販に着手しており，それ以前は輸出のみであったことから，2005年以降に同社において中国内販の比率が大きく拡大していることが分かる。この状況下でNI社においては，人件費の高騰[7]と，工場作業員の確保[8]が中国内販と対日輸出双方に共

通する課題として内在している。

2) 中国内販への着手

　とくに1990年代において，対日輸出に特化して原料調達加工基地を設立する日系食品製造企業が少なくない中で，NI社は対日輸出基地としてだけではなく中国内販も視野に入れた上で設立された。これはN社が，対日輸出だけではなく，今後さらに拡大すると推測される中国市場への参入によって中国の消費者も獲得することを狙ったからである。そのため，設立当初から所有している製造工場3棟のうち，1棟は中国内販用製品を製造することを想定して建設された[9]。

　図7-1はNI社における原料調達から出荷までの過程を表したものである。R社は品質保証センターを設置しており，NI社を含めR社傘下の系列企業は，すべて同センターで原料・製品についての獣医薬・抗生物質など（野菜の場合は残留農薬）の有無を検査される。NI社の場合，豚肉をはじめとする調達された原料は，品質保証センターで検査された上で同社の原料用冷蔵倉庫で保管される。その後，輸出用と中国内販用はそれぞれの専用工場であるA棟とB棟で加工され，両者共通の製品用冷蔵倉庫で保管され輸送される。C棟については，パン粉製造専門工場であり，同工場で製造されたパン粉は，A棟とB棟双方に搬入され食肉製品の製造に使用されるが，とりわけ中国内販用製品の製造での使用量が多い。製品段階でも品質保証センターでの検査を受けることが規定されており，同センターでは原料から製品に至るまで計2回の検査をすることになる。以上のように，NI社では輸出用と中国内販用をそれぞれ異なる工場で製造しているが，N社及びNI社ではとくに中国内販，つまりB棟での生産をこれまで徐々に拡大してきた。そのため以下の取り組みを実施している。

（1）日本側の出資比率の引き上げ

　N社が中国内販に着手するにあたって，まず，はじめに取り組んだのが，

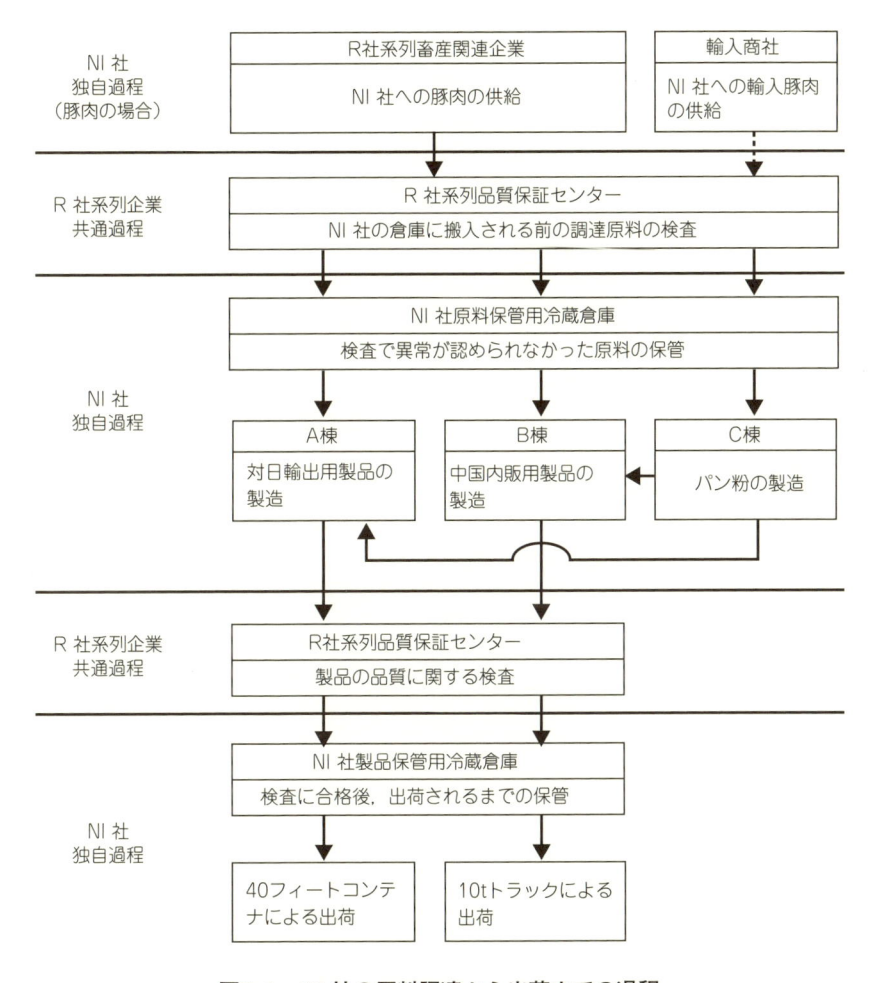

第7章 中国の日系食肉加工企業における対日輸出から中国内販へのシフト

図7-1 NI社の原料調達から出荷までの過程

資料: NI社におけるヒアリング調査により作成。
注:1) 図中の破線は,必要に応じて不定期にみられる過程である。
　　2) 図中の最上段については豚肉の調達における過程を示したものであり,
　　　　パン粉の原料については全て他のR社系列企業から調達される。

NI社における自社出資比率の引き上げである。前述のとおり，NI社はN社とR社の合弁企業であり，同社が設立された2002年時点での出資比率は，N社が19％で，R社が81％であった。つまり，設立当初はR社が経営方針の決定を主導しており，当時，同社はNI社について対日輸出が主と位置付けていたことから，N社にとってはNI社の事業展開を対日輸出から中国内販へシフトさせることは困難であった。そこで，N社はNI社を中国内販へ志向させるという自社の経営方針を十分に反映させるために，自社の出資比率を高めた。2005年6月にN社は出資比率を60％に高め，同年8月には中国内販に着手している。さらに2008年には現在の出資比率であるN社85％，R社15％の状況にまで引き上げている。これによってN社主導の経営が確立し，中国内販拡大の基礎条件が形成されたといえる。

（2）系列企業内での提携と独自販路の構築

R社傘下の系列企業のうち，NI社のように食肉製品を主に製造している企業は，NI社を除いて6社存在し，それらの製品の一部は複数企業においてほぼ同様のものが取り扱われている。またR社傘下の系列企業の中には養豚事業に着手している畜産関連企業があり，NI社はこの企業から原料となる豚肉を調達しているが，他の系列企業も同様に調達している[10]。つまり，原料調達においても傘下の系列企業間で競争関係が成立している。NI社では同じR社系列の畜産関連企業から原料となる豚肉を調達している一方で，販売面については自社独自で販路を構築している[11]。系列企業とは異なる独自の取り組みを可能にした要因の1つとして先述の出資比率の引き上げが挙げられると考えられる。NI社は，原料調達時においてはR社系列企業から調達しR社傘下としての利点を活用しつつも，自社製品の販売については日系企業による高品質の製品であることを武器に，独自に販路を拡大させていると捉えることができる[12]。

2010年時点でNI社の製品は上海市，北京市，山東省で販売されている。年間販売量でみると，概ねそれぞれ1,500トン，1,200トン，300トンとなって

第7章　中国の日系食肉加工企業における対日輸出から中国内販へのシフト

おり，とくに上海市と北京市に集中していることが分かる。これは，両都市圏では中国人の高所得者層と外国人消費者が多く存在し，なおそれに伴い主な取引先である日系小売店や外食産業も多く立地しているためである[13]。

(3) 業務用製品の重点化

NI社の取扱品目数は，輸出用製品が15品目で，中国内販用製品が約100品目となっており，中国内販では特に多品目化が指向されている。その要因としては，小売店で販売される市販用製品よりも外食・中食産業を対象とした業務用製品[14]の方が，需要が拡大していることが挙げられる。NI社では中国内販用製品の販売額において業務用製品が9割で，市販用製品は1割に留まっている。

NI社の市販用製品を取り扱っている小売店は概ね日系企業に限定されている一方で，業務用製品を取り扱っている外食・中食産業には日系企業だけではなく中国系やその他の外資系も含まれる。業務用製品の取引先の方が多岐にわたっており，NI社では取扱製品を多品目化することによって外食・中食産業の要求に合致した製品を供給することが求められている。

4．中国内販着手に伴って派生する課題への対応

1) 中国内販における利点と課題

以上のようにNI社では設立当初から続く対日輸出は堅持しつつも，中国内販に力点を置きつつある。その結果として，中国内販については，新たに上海市や北京市といった大都市圏に販路を拡大でき，対日輸出に匹敵する規模に成長しつつある。すなわち，NI社にとって中国内販に着手したことは，従来の対日輸出と概ね同程度の有力市場を新たに獲得したと位置付けることができる。そして，中国市場において畜産物の需要が拡大していることを踏まえれば，今後，中国内販は対日輸出以上に拡大することも考えられる。

しかし，R社傘下の系列企業として対日輸出から中国内販へのシフトを図

るNI社では,同時に課題も出現している。その課題としては,QSマーク(15)の取得にかかるコストが高額になることや,商標権の出願から授権登録まで長時間必要になることもあり模造品が出現する要因になっているといった点などが挙げられるが(16),とくにNI社では以下の2点が深刻化している。

(1) 代金回収

　市販用製品と業務用製品の双方で発生する可能性があるのが代金回収問題である。

　業務用製品は,先述のとおり,すでに取引先が日系以外にも多岐にわたっていることから,代金回収問題が発生する可能性は比較的高いと考えられよう。また今後は,市販用製品についても業務用製品と同様に注視する必要がある。なぜなら,現在,NI社において市販用製品の取引先は日系小売店に限定されているが,近年の外資系小売店,中国系小売店の出店増加により,日系小売店はそのシェアの大幅な拡大には限界があるからである。今後,市販用に関して中国内販を拡大していく場合には,日系小売店以外の販路も開拓していく必要があるだろう。

　これまでのところNI社では深刻な代金回収問題は発生していないが,市販用製品についても取引先が拡大した場合,同問題が発生する可能性は高まると考えられる。NI社では代金決済について原料調達時には調達先企業から1ヶ月以内の決済を求められる一方で,販売先企業からは製品を納めてから概ね3ヶ月後に代金が支払われている。つまり,代金回収までの期間が比較的長期にわたることもある。今後,販路をさらに拡大させるにしたがって,代金回収問題はさらに深刻な課題となることも想定される。

(2) 中国特有の商習慣による負担増

　さらに,中国内販を拡大させる場合に不可避となるのが,小売店で販売する際に要求される入店料などの中国の特徴的な商習慣への対応である。中国小売店で販売する場合,食品メーカーにたいして棚代やバーコード登録費,

第7章　中国の日系食肉加工企業における対日輸出から中国内販へのシフト

販売促進費などの多岐にわたる入店料が課せられる[17]。これまでの急速な市場経済化により価格競争が激化して以降，小売店では販売製品の低価格化に対応するため食品メーカーに要求する入店料を多様化させつつある。NI社においても日系小売店が自社製品を取り扱う場合には，入店料や店内での販促人員の配置が求められてきた。要求される入店料は各小売店によって異なり，今後取引先を拡大していくにあたり，より販路拡大にかかるNI社の負担が大きくなっていくと考えられる。そのため，中国内販拡大段階のNI社にとっては市販用製品だけではなく業務用製品についても販路を拡大していくことがさらに必要になっていく[18]。

2）中国内販拡大下における輸出の位置付け

NI社では中国内販が拡大したことによって，従来から継続されている対日輸出のシェアは低下しつつある。しかし，対日輸出の重要性までもが低下しているわけではない。なぜなら上述した中国内販によるリスクの担保及び負担軽減の手段として，一定程度の輸出は継続されると考えられるためである。このことから，対日輸出の継続のため，NI社では2005年の中国内販開始後，ハムやソーセージなどの対日輸出に不可欠となっている偶蹄類加熱処理施設の認可を2008年に申請し，同年合格している[19]。この認可を受けたことによって，ハムやソーセージなどの食肉製品の対日輸出が可能になっている。これまで，中国における対日輸出用食品の製造では，冷凍野菜などについて，品質管理にかかる取り組みが実施され規制が強化されてきたが，畜産物についても対日輸出にあたっては規制が強化されている。このような規制強化に対応していることで，NI社にとっては対日輸出が依然として重要な位置付けにあると言える。

3）中国内販と対日輸出のリスク分散

NI社は現在，中国内販と対日輸出双方に取り組んでおり，同社のように中国内販へシフトする企業にとっては，安定的に中国内販の販路を構築・拡

第Ⅱ部

	利点	課題
対日輸出	・比較的高い販売単価 ・不必要な代金回収などの問題への考慮	・対日輸出の規制が強化された場合の生産コスト及びリスクの上昇
内販	・高品質食品の需要増大と市場の獲得	・代金回収問題や入店料の増加

図7-2　中国内販と対日輸出のリスク分散構造

資料：NI社におけるヒアリング調査により作成。

大させるために，次のような対応が必要になると考えられよう。

①中国内販のみに特化するのではなく，中国内販を拡大しつつも同時に対日輸出を堅持していき双方におけるリスクを担保し合う取り組みを強化する。

さらに，②中国内販についても市販用製品と業務用製品双方の販路を拡大していき，それに伴う代金回収や市販用製品にかかる入店料などのリスク・負担を補填し合う取り組みが求められる。

そこで，最後に①と②のリスク分散構造について整理したい。

まず①についてみると，**図7-2**はNI社の事業展開をもとに中国内販と対日輸出のリスク分散構造について表したものである。中国内販における課題としては市場拡大に伴う代金回収問題や市販用製品に発生する入店料の増加などが挙げられる。この点については両問題が発生せず比較的高単価での販売が可能となる対日輸出を堅持することで補填が可能となる。その一方で，対日輸出では日本の規制が強化された場合，さらに生産コスト及びリスクが高まる可能性が指摘できる。先述のとおり，畜産物についても対日輸出にあたっては偶蹄類加熱処理施設にたいする農林水産省の認可の必要性が生じている。この課題にたいしては，仮に対日輸出におけるコストが増加しても，高品質食品の需要が高まっている中国において内販を拡大し，対日輸出に加わる新たな市場を確保することで補填できる。

次に②についてみると，**図7-3**はNI社の内販における市販用製品と業務用製品のリスク分散構造について表したものである。市販用製品の課題として

第7章　中国の日系食肉加工企業における対日輸出から中国内販へのシフト

	利点	課題
市販用製品	・高い販売単価 ・独自ブランドの形成 ・比較的低い代金回収問題発生の可能性	・限定された小売店 ・入店料の考慮の必要性
業務用製品	・多様な販路と大量販売	・低い販売単価 ・形成困難な独自ブランド ・比較的高い代金回収問題発生の可能性

図7-3　市販用製品と業務用製品のリスク分散構造

資料：NI社におけるヒアリング調査により作成。

は，販売される小売店が限定され取扱量が少量になっている点や入店料の負担などが挙げられる。しかし，この課題については，販路の多角化が比較的容易で大量販売が可能な業務用製品で補填できる。その一方で，業務用製品にも市販用製品と比較して販売単価が低いことや，取引先について日系以外が多いことから代金回収問題発生の可能性が比較的高いといった課題が指摘できる。この点については，主に代金回収問題発生の可能性が比較的低い日系小売店において，独自ブランドとして比較的高価格で販売されている市販用製品で補填できる。

すなわち，NI社のように中国内販の拡大を図る企業にとっては，対日輸出と中国内販双方に取り組むことによって両者のリスク分散を図ることと，中国内販の中でも市販用製品と業務用製品の利点と課題を捉え両製品のリスク分散を図ることが不可欠になると言える。

5．小括

今後，中国では経済発展の進展により食品市場の需要はさらに拡大し，かつ高級品へのシフトも順次進行するものと推測される。また，牛乳へのメラミン混入事件などを背景に，都市部を中心に日本の技術・基準で製造され安全・安心が確保された食品の需要もますます高まることが予想される。以上のことから，これまで対日輸出に特化してきた日系食品製造企業にとっては，

第Ⅱ部

今後，さらに拡大する中国国内市場への取り組みを強化することによって，より高いレベルの販売戦略の構築が可能になるものと考えられる。

こうした状況の中で，本章で述べてきたように，従来から対日輸出と中国内販双方に取り組んでおり，中でも中国内販の拡大に力点を置きつつあるNI社の実践と課題は，いくつかの重要な示唆を与えていると考えられる。

とくに，その中で注目できるのが，対日輸出と中国内販，そして中国内販ではさらに市販用販売と業務用販売に分類できる販売チャネルを適宜組み合わせたリスク分散戦略である。この戦略は，現在の非常に流動的な世界経済の流れの中で，輸出，中国内販などと，著しく一方に傾斜した企業姿勢ではリスクに対応できないことを示していると考えられる。まさに，食品安全問題に大きく翻弄された食品企業ならではの対応と言えよう。

NI社にとって中国内販を拡大させるためには，上述した販売チャネルを維持しなければならず，各チャネルに対応した取り組みが今後，一層求められると考えられる。また，生産量を増加させても，その一部は対日輸出用になるため，中国内販に特化している企業と比較すると，中国内販拡大が緩慢とならざるを得ない反面，リスクを軽減できる。今後，NI社がこうしたリスク戦略をどのように展開していくのか，さらに注目していきたい。

［附記］

本章は，佐藤敦信・大島一二「中国の日系食肉加工企業における販売戦略の転換：対日輸出から内販へのシフトを中心に」『中国経済研究』第9巻第1号［通巻15号］，33〜43頁，2012年3月を加筆修正したものである。

注
（1）中国の対日輸出企業における品質管理に関する研究としては大島［2］や大島［3］，菊地［4］などが挙げられる。
（2）都市部については，「都市住民家庭における主要商品の平均1人当たり年間購買量」における「豚肉」「牛肉・羊肉」「家禽類」の合算値，農村部については，「農村住民家庭における主要食品の平均1人当たり消費量」における「肉及び

第7章　中国の日系食肉加工企業における対日輸出から中国内販へのシフト

肉製品」のものである。
（3）各数値は，「02肉及び食用のくず肉」「1601ソーセージその他これに類する物品（肉，くず肉又は血から製造したものに限る）及びこれらの物品をもととした調製食料品」「1602その他の調製をし又は保存に適する処理をした肉，くず肉及び血」を合算したものである。総輸出額に占める各肉の比率をみると，農業部農産品貿易弁公室，農業部農業貿易促進中心［9］では，『中国海関統計年鑑』との数値の誤差が若干みられるものの，2011年では，家禽産品17.5億ドル，豚肉産品11.8億ドル，牛肉産品2.6億ドル，羊肉産品0.5億ドルとなっていることが示されている。
（4）日本貿易振興機構（ジェトロ）海外調査部［7］による。中国の調査対象企業数と回答企業数はそれぞれ1,359社，806社となっており，有効回答率は59.3％である。その中で，食料品製造業の回答企業数は44社となっている。
（5）R社は1986年に山東省莱陽市に野菜加工企業として設立された。このことから，現在においても食品加工業が核心事業となっており，R社傘下の系列企業は生鮮・冷凍野菜，果実，フリーズドライ食品，水産品，食肉製品，調味料などを取り扱っている。系列企業は2010年の時点で27社であり，そのうち日本との合弁企業はNI社も含めて16社になる。そのため，R社傘下の系列企業では対日輸出の比率が高く，日本の他にも韓国，米国，ドイツなど20カ国以上に自社製品を輸出している。
（6）輸出先については，これまでタイへの試験的輸出はあったものの，設立当初から概ね日本に限定されている。対日輸出については2002年設立時から開始されている。
（7）工場作業員の賃金は作業能率や経験などによって異なるが，平均賃金は2002年に1,200元/月であったのが，2010年には1,500元/月と上昇している。
（8）NI社は中国内販用製品の大部分を手作業で生産しており，販路拡大に伴う生産量増加という状況にたいして，現在の工場作業員数を維持する必要がある。これまで，NI社では同じR社系列の人材派遣企業に自社作業員の調達を委託していたが，同社以外にもR社傘下の複数の系列企業が同様に委託しているため，安定的な作業員調達は困難になりつつある。そこで，現在の賃金水準を維持した上でより安定的に作業員を確保するため，NI社はR社系列以外の人材派遣企業にも委託を開始することで人員を補充している。
（9）NI社では現在まで製造工場数の増減はない。また，棟ごとで製造される製品は異なり，各製造工場は2003年にISO9001とHACCPを取得している他，中国内販用工場のみ中国内販に必要なQS認証を得ている。
（10）仮に他の系列企業との競争が激化し調達可能量がNI社の需要量に満たなかった場合，もしくは新たに製品を開発した際に系列企業内で製品に合致する肉質が望めない場合については，カナダなどから原料を輸入することもある。

(11) NI社は製品に印字されるロゴなどに表されるブランドについてもR社とは異なっている。R社は自社ブランドを既に形成しており，系列企業についても同ブランドを使用している。R社ブランドは2002年に中国を代表するブランドとして国家工商行政管理総局から認定を受けている。さらに，R社は中国国内35カ所で事務所を開設し，山東省などでR社ブランド食品の専門販売店を設置している。しかし，NI社ではR社ブランドとしてではなくNI社ブランドとして自社製品を販売しており，R社の専門販売店では販売していない。

(12) N社はNI社の他にも天津市・威海市・煙台市に現地法人を設立している。しかし，NI社へのヒアリング調査によると，これらの現地法人はR社以外の中国資本とN社との合弁企業であり，一部製品が重複しているが，NI社よりも輸出比率が高いことからNI社との競争関係はほとんどないとのことである。

(13) 例えば，NI社と取引している外食チェーンのS社は，2003年に中国に進出し，現在では85店舗展開している。立地している地域をみると，全店舗のうち80店舗以上が上海市・蘇州市・北京市に立地している。

(14) NI社における業務用製品としてはとんかつやハンバーグなどが挙げられ，**図7-1**で示したように，とんかつなどで使用されるパン粉も自社工場内で生産している。

(15) 2003年3月に国家質量監督検査検疫総局が公布した「食品生産加工企業品質安全監督管理弁法」によると，食品製造企業は自社製品を出荷するために原料や添加物などについて検査を受ける必要があり，合格するとQSマークを付けることが定められている。

(16) 荒木［1］による。また，黄［5］は，中国内販の課題として物流インフラの構築の必要性も挙げており，同課題にたいして伊藤忠商事は中国及び台湾の食品・流通最大手の頂新グループと提携し，資源開発から小売までの戦略的統合システムの構築を図っていると指摘している。

(17) 荒木［1］による。

(18) 業務用製品の販売については，市販用製品とは異なり入店料のように別途請求される経費や人的制約もないためNI社にとっては販路拡大が比較的容易になる。この点も業務用製品の販売が拡大しつつある要因の1つとも捉えられる。

(19) 現在，日本では家畜伝染予防法に基づき，悪性の家畜伝染病の発生地域から輸入される偶蹄類の食肉については，農林水産省の認可を受けた施設で加熱処理し，輸出国の政府機関が発行した検査証明書を添付することが義務付けられている。なお，認可を受けた施設の所在地域は2010年時点で中国，台湾，韓国，タイ，マレーシア，ブラジル，アルゼンチン，ウルグアイである。中国ではNI社も含めて113社が認可を受けている。

第7章　中国の日系食肉加工企業における対日輸出から中国内販へのシフト

参考文献
［1］荒木正明「駐在員の眼　中国内販を強化する日系食品企業」『中国経済』2009年5月号，23～34頁，2009年5月
［2］大島一二『中国産農産物と食品安全問題』筑波書房，2003年
［3］大島一二「中国農業・食品産業の発展と食品安全問題―野菜における安全確保への取り組みを中心に（特集　中国産業の新たな課題―環境と安全）」『中国経済研究』第6巻第2号（通巻10号），22～30頁，2009年9月
［4］菊地昌弥『冷凍野菜の開発輸入とマーケティング戦略』農林統計協会，2008年
［5］黄孝春「総合商社における中国ビジネスの進化」杜進編『中国の外資政策と日系企業』勁草書房，2009年
［6］高村幸典「中国における日本企業の今後の動向―中国を生産拠点から消費市場へ」『中国経済研究』第6巻第1号（通巻9号），69～76頁，2009年3月
［7］日本貿易振興機構（ジェトロ）海外調査部『在アジア・オセアニア日系企業活動実態調査―中国・香港・台湾・韓国編―（2010年度調査）』同機構，2011年
［8］根師梓「対日緑茶輸出企業による中国国中国内販売への転換と課題」『2010年度日本農業経済学会論文集』，2010年12月
［9］農業部農産品貿易弁公室，農業部農業貿易促進中心『中国農産品貿易発展報告2012』中国農業出版社，2012年

　　　　　　　　　　　　　　　　　　　　（佐藤　敦信・大島　一二）

第8章

企業のグローバル化と食文化交流
―キッコーマンの中国における食文化交流を中心に―

1．本章の課題

　食品企業の海外市場進出において，商品開発，ブランド形成，販売戦略等が重要であることはいうまでもないが，それと同等，あるいはそれ以上に，現地の消費者との食文化の交流を通じた異文化理解の推進が重要であると考えられる。それは，異なる食文化の交流が，現地における当該企業と商品ブランドの知名度の向上をもたらすだけでなく，商品の背後にある食文化自身の現地での普及に直結しており，企業の長期的利益に結びつくと同時に，現在日本政府が推進している諸外国における和食文化の浸透にも繋がるからである。

　そこで，本章では，欧米やアジア市場で，食文化の国際交流事業を積極的に展開し，海外市場で成功を収めているキッコーマン株式会社[1]の海外展開と，中国における食文化の国際交流事業の事例について考察する。

2．キッコーマンのグローバル展開

　日本のしょうゆ製造最大手のキッコーマンは，主力商品であるしょうゆの国内市場が縮小するなか，海外で成功を収めることで業績を伸ばしている。

　日本国内のしょうゆ離れは著しく，1980年前後には年間約10ℓだった1人当たりのしょうゆ消費量（しょうゆの出荷総量を人口で除した数値）は，2012年には6.3ℓにまで落ち込んだ。背景には，人口減・高齢化による需要減，家庭内調理機会の減少，日本人の食生活の変化等がある[2]。

一方で，キッコーマンの売上は，この35年間で1.5倍に増加している。国内市場が縮小する中での売上増の主な要因は，いうまでもなく海外市場での売上の拡大によるものである。現在，同社の売り上げの46％，営業利益の66％が海外で稼ぎ出されている。このキッコーマンの海外市場における順調な展開の背景には，同社が世界規模で展開している「食文化の国際交流」事業の進展が大きく貢献しているとされている。

現在，キッコーマンのしょうゆは，世界において100カ国[3]を上回る国々で使われるまでに拡大している。

キッコーマンは，「食文化の国際交流をすすめる」を会社の経営理念のひとつに掲げ，1957年のアメリカ進出当時から，レシピ提案などでしょうゆと現地の食材，料理をあわせることで新しいおいしさの提案を行い，その結果としてしょうゆと各エリアの食文化の融合を実現している。

1）企業概要

キッコーマンは，300年以上の歴史をもつしょうゆを中核商品とし，これに，みりん，デルモンテ関連商品，ワインなど，調味料だけでなく，多彩な食品の製造販売を展開している。また，近年では，健康食品事業など，「食と健康」に関わる事業展開を進めている。2013年3月期の主要経営指標は，資本金115億9,900円（2013年3月31日現在），売上高（連結）3,002億万円（2013年3月期），営業利益198億1,700万円（2013年3月期），従業員数（連結）5,473名（2013年3月31日現在）[4]である。

2）キッコーマンの海外事業展開

キッコーマンにおける海外市場での展開は，1957年のアメリカへの進出から開始された。サンフランシスコ市にキッコーマン・インターナショナル社を設立，以来，およそ50年を費やしアメリカの食文化にしょうゆを浸透させてきた。

また，海外事業においては，キッコーマン製品の製造・販売のほか，キッ

コーマン製品に限らない東洋食材の卸売や，レストラン事業も展開しており，海外において和食をはじめとしたアジアの食文化を広める活動をおこなっている。

　キッコーマンの1950年代後半のアメリカへの本格的進出は，現地での日本の食文化の紹介から始まったとされている。大きく異なる食文化を持つ国でしょうゆが受け入れられるまでには，大変な苦労があったことは想像に難くない。当初は，流通経路を確保するとともに，アメリカの人々に，しょうゆを使った料理を試食してもらうことからスタートした。スーパーマーケットなどの店頭でデモンストレーションを行い，キッコーマンブランドの浸透を図った。さらに，しょうゆを使ったレシピの開発を行い，日常の家庭料理にしょうゆをどのように取り入れたらよいかを，雑誌などのメディアを通じて広めていった。また，この当時，アメリカにおける和食の浸透，アメリカにおけるアジア系住民の増加もしょうゆの普及に一定の影響を与えているものと考えられる。

　その結果，しょうゆはアメリカの食文化に徐々に浸透していき，消費量の伸長にともなって，供給体制も製品輸出から現地でのびん詰め，そして現地生産へと成長していった。キッコーマンがアメリカ中西部のウィスコンシン州に工場を完成させたのは1973年のことである。地域社会との融和をめざした現地化を行い，製品の生産を現地社員の手で行っている。当初よりしょうゆの原料，包装資材，労働力のほとんどは現地で調達されたものであった。

　その後，しょうゆの出荷量も順調に成長を続け，着実な伸びを示した。1998年には，期待される需要拡大に対応するために，カリフォルニア州に第二工場をオープンした。

　キッコーマンの国際戦略は，しっかりと腰を据えてきめ細かなステップを踏むことから始まるとされる。まず，文化交流を通じて，しょうゆの良さを理解してもらい，受け入れられたら現地化を図る。これは，世界のどの地域でも変わらないキッコーマンのポリシーであるとされる。

　現在，こうしたキッコーマンのアメリカ進出のケースは，日本企業の国際

化のモデルケースとして高い評価を得ている。アメリカにおけるキッコーマンブランドの成功は,「食文化の国際交流」の重要性を示した貴重な実例であるといえよう。

その後,こうした「食文化の国際交流」を世界規模で展開してきた成果は着実にあらわれ,現在では,前述の通り世界100カ国以上で販売されている。

生産拠点も,1973年に前述のアメリカ(ウィスコンシン州)に建設されて以来,シンガポール,台湾,オランダ,アメリカ第2工場(カリフォルニア州)と,海外での市場拡大に伴って増設している。そして,2002年春には中国上海郊外の中国工場(江蘇省昆山市)からの出荷が始まり,現在では5ヶ国7工場において製造・販売をおこなっている。

3.中国における食文化の国際交流

1)中国における市場展開

キッコーマンでは,1983年に,東南アジア,オセアニアへの輸出を目的として「キッコーマン・シンガポール社」を設立し,翌年にはシンガポール工場を稼働させた。中国大陸で販売されたキッコーマンブランドのしょうゆは,当初は,主としてこのシンガポール工場から輸出されたものであった。

その後,1990年には,台湾最大の食品企業「統一企業グループ」と合弁で「統萬股份有限公司」を台湾に設立した。この合弁事業が台湾市場で成功したことにより,次に中国市場での展開にも大きな弾みがついたとされている。つまり,2000年には,統一企業グループと合弁で,中国での初めての拠点である「昆山統万微生物科技有限公司」を上海近郊(江蘇省昆山市)に設立し,2002年より出荷を開始したのである。これは中国市場に明るい台湾企業との合弁で事業を拡大するという戦略に基づくものであった。

さらに2008年,キッコーマンは,北京および天津等の中国華北地域市場に本格参入するために,統一企業グループとともに中国における2番目の拠点となる「統万珍極食品有限公司」(河北省石家庄市)を設立し,2009年より

出荷を開始した。

2) 上海万博を舞台にした日本の食文化の普及

「中国2010年上海万国博覧会」は，当時世界が注目した国際的なビッグイベントであり，キッコーマングループが経営理念としている「食文化の国際交流」をすすめる絶好の機会であった。キッコーマンブースの出展と，料亭「紫　MURASAKI」（以下「紫」とする）の出店により，中国ならびに世界に，日本の食文化，および食文化の国際交流への理解を深め，中国におけるキッコーマンブランドの存在感を高めることを目的に，多様な広報活動を展開した。

日本産業館のキッコーマンブースでは，コーポレート・スローガンでもある「おいしい記憶をつくりたい」をテーマに，映像とアイアン・アートワークによる展示を行った。もう一つの重要な企画は本格的な日本料亭の出展であった。

周知のように，中国でも日本食にたいする関心は高くなっているが，本格的な懐石料理を提供する店はまだ多くない。上海万博という特別な機会に，日本の食文化の粋を集めた最高レベルの「料亭」を出店し，本格的な懐石料理や伝統的な日本文化の特徴の一つである「おもてなし」を中国の人々に紹介し，それにより日本の食文化への理解を深めてもらい，中国と日本の食文化の交流を進展させたいとの考えから料亭を出展することになったのである。

「紫」では，日本料理アカデミーの協力を得て，京都の名料亭3店から料理人を招聘して，来店者に旬の素材を活かした本格的な懐石料理を提供した。また，仲居によるおもてなし，日本の伝統建築

写真1　2010年上海万博時のキッコーマン運営料亭「紫」のプレス発表会

第8章　企業のグローバル化と食文化交流

にこだわったしつらいや日本庭園など，料亭全体で日本の食文化を理解してもらうことにこだわったという。

認知度の向上という点においては，開幕初日から多数の日中メディアの取材が続き，多くのメディアに露出したことから，「紫」は上海を中心に多くの人に知られるようになった。また，「紫」の顧客やメディア以外の人々との交流施策にも積極的に取り組んだという。中国の著名シェフ20数名を招いて，食の交流会「中日名厨交流会」を開催したり，上海万博のボランティア代表者を招き，「紫」を舞台にフェイス・トゥ・フェイスの交流を深めた。また，上海在住の主婦を対象に開催した食文化体験セミナーでは，支配人が日本料理の盛りつけ方のコツや手まり寿司の作り方を紹介した。

さらに，上海万博の日本産業館のステージでは，ゲームやイベントを行う「キッコーマンウィーク」を開催し，試食会や交流イベントなどを行い，来場者に日本の食文化とキッコーマンしょうゆに親しんでもらう企画を実施した。

これらの一連の交流事業は中国国内外のメディアに取り上げられ，メディア露出件数は中国944件，日本240件（2010年12月9日時点）となったという。多数の報道によって「紫」は上海万博の中で最も高い評価と知名度を得た飲食店となり，料亭の認知をきっかけに運営母体としてのキッコーマンブランドの認知向上にも大きく貢献した。

3）万博後の食文化交流

(1) 奨学基金の設立

万博終了後，キッコーマンは上海万博出展を記念し，日中の架け橋となる人材の育成を支援し，キッコーマンの経営理念である「食文化の国際交流」の推進を図ることを創設目的に，上海大学に「キッコーマン"紫

写真2　キッコーマンによる上海大学での奨学基金の設立

第Ⅱ部

MURASAKI"基金」を創設し，毎年10万元（約160万円）の奨学金を提供している。奨学基金の用途は，20名の学生に4万元の奨学金を給付，特別奨学生2名と引率教員を日本研修に招待，教師と学生による食文化の社会調査費用に充てている。

写真3　キッコーマン特別奨学生の訪日

2011年からすでに60名に奨学金を給付，6名を日本に招待，延べ150人が食文化の社会調査に参加している。

写真4　上海大学学生による社会調査の実施

（2）食文化交流の持続的展開

また，万博終了後も，上海に講師を派遣して，上海市の各大学で日本食文化に関する講演会や交流会を行っている。2012年には，上海市の5大学（上海大学，同済大学，上海外国語大学，上海理工大学，上海商学院）で食文化に関するエッセイコンテストを行い，中国の若者に食にかかわる諸問題を改めて考えるきっかけを提供した。エッセイコンテストの優秀作品に選ばれた10名の大学生は日本遊学に招待し，日本の食文化をはじめ，企業文化や社会に触れる機会を提供した。

写真5　キッコーマンによる上海大学での食文化講演会の開催

「キッコーマンの交流会をきっかけに，日本を再認識した。日本，日本人，日本文化が大好きになった。自分の人生が変わった」という感想を寄せた学生も少なくない。

（3）グローバルリーダーの育成

　グローバル化に伴い，キッコーマンはグローバル人材育成のための具体的施策として，「採用」，「育成」，「適材配置」の三位一体制を導入している。採用では，「外国人採用の強化」と「海外大学における日本人留学生採用の強化」の2つのポイントがある。外国人の採用は日本国内だけでなく，海外にも採用範囲を広げ，2012年と2013年には上海大学から新卒を2名採用し，日本人と同じように世界中の会社の幹部候補生として，配置・育成している。

4．中国しょうゆ市場の実態

　キッコーマンがアメリカと欧米市場進出を開始した当初は，欧米には，しょうゆという調味料はほとんど普及していなかったといっても過言ではなかった。そうした環境の中で，しょうゆという新しい食文化を消費者に広めるためには，大きな苦労があったが，しょうゆ文化の歴史が日本より長い中国市場において日本のしょうゆを販売するには，また別の，ある意味でもっと多くの課題があるといえる。類似した産品が存在するから故の差別化の難しさが存在しているのである。

　中国産のしょうゆといかに差別化し，消費者の認知を高め，知名度のアップと販売量の増加を実現するかが，もっとも大きな課題となっている。

1）中国しょうゆ市場の現状

　現在，中国にはしょうゆ生産・販売企業が約2,000社あり，年間しょうゆ消費量は500万トンに達するとされている。国土が広大であるだけに，中国ではしょうゆの種類もかなり豊富である。「老抽王」（濃口）や「生抽王」（薄口）は中国しょうゆの基本だが，さらに，しょうゆに様々な食材のエキスを混合した「シイタケしょうゆ」，「蕎麦しょうゆ」，「昆布しょうゆ」等が数十種類あり，料理の用途に応じて使われているのが特徴である。この結果，市場に出回っているしょうゆは1,000銘柄以上に上り，品種も何百種類に達し

ている。

　もともと国内企業の競争は激化する状況にあったが，1990年代から中国の巨大市場を狙った外資企業の中国しょうゆ市場進出が著しく，シェア争奪戦はさらに厳しさを増している。そうした状況の中で，中国企業との合弁会社を設立したり，中国の食品会社を買収して市場攻略を進めるのが外資企業の特徴である。一般に欧米系外資企業は，中国のしょうゆ市場に進出する際に，食習慣や地元消費者のしょうゆ味に対する好みを配慮して中国の有名ブランドを買収する方式を採用している企業が多い。

　また，1990年代から，日本のしょうゆ関係企業の中でも，中国市場に数社が進出を開始しているが，このような世界の有名ブランドの中国進出は，中国しょうゆ業界に強いインパクトを与え，中国市場をめぐる競争はさらに激化している。

2）中国しょうゆ市場における日本しょうゆ

　日本料理は中国に比較的早期に進出した外国料理の一つで，中国人の食生活に徐々に浸透し，とくに若者の間では人気が高まっている。一定規模以上の都市にはほとんど日本料理屋があるといっても過言ではなく，上海市には1,000店舗以上の日本料理屋があるとされている。近年，上海市の日本語専攻のある大学では，おにぎり大会等のイベントも頻繁に行われ，日本食品に興味を持つ若者が増えている。日本料理はしょうゆを抜いては語れないため，日本食品の普及により，日本料理に合うしょうゆの需要は拡大しつつある。

　中国における現状の人口1人当たりのしょうゆ消費量は，日本の約3分の1である。潜在的需要から見ると，中国のしょうゆ市場がいっそうの成長をとげる期待は大きい。とくに高級品に関しては，まだ成長の初期段階にあたり，さらに消費量が拡大することが予想される。

　また，近年の経済発展にともない，とくに発展の目覚しい華東地域では生活レベルの向上により高級品志向が強まることが予想される。さらに，1990年代以降中国で頻発している食品安全問題により，消費者の中には，国産商

品にたいする不信感を持つ者も少なくなく，品質が良く，安全性の高い商品を価格が高くても購入する傾向がある。一般に中国で，日本商品は「安全で，品質がいい」イメージが強く，日本商品にとっては市場展開のチャンスであるといえる。しかし，一方で，日本商品の市場展開についてはいくつかの課題が存在する。

（1）しょうゆの嗜好についての日中間の相違

　しょうゆは中国人にとってもっとも身近な調味料であるが，いくつかの点で日本人の嗜好と異なり，また地域差も大きい。中国のしょうゆの多くは，各種添加物を添加することで，「鮮味」（うま味）を強調したものが多く，とくに化学調味料の味に慣れた中国の消費者には，化学的な添加物が添加されていないキッコーマンブランドのしょうゆは「不鮮」（おいしくない）と感じられる。また，上海地域では「紅焼」（しょうゆ煮込み）という料理の調理方法が常用されるが，そこでは色彩の鮮やかなしょうゆである「老抽」が多く使われる（この「老抽」の鮮やかな色彩を出すためカラメルが添加されている）。これにたいしてキッコーマンブランドのしょうゆにはカラメルが添加されていないため，消費者に「色付きが悪い」というイメージを与える結果となっている。

　つまり，無添加，安全，本物志向がキッコーマンブランドしょうゆの重要なセールスポイントとなるわけであるが，他社商品の添加物の問題を指摘し，むやみに「無添加」「安全性」を強調しすぎた場合，絶対多数の現地企業との軋轢が増大し，市場販売にも影響が出ることが予想される。よって，今後，他社商品との製品特性上の相違をどのように消費者の効果的に周知させていくのかが課題となっている。

（2）価格問題

　しょうゆは毎日の食生活に欠かせない調味料の一つであるだけに，中国市場においては低価格のしょうゆの需要が大きい。しかしながら，現状ではキ

ッコーマンブランドのしょうゆは，現地のものより割高の価格となっており，販売量の増加に高価格が最大のネックになっている状況にある。

醸造に要する時間の相違や無添加にこだわる製造方法の相違から，現地しょうゆとの価格差が生じているので，今後は，中国商品とのたんなる価格競争ではなく，現地の醤油とは一味違う商品を提供している事実を地道にしっかりと中国の消費者に伝える必要があるといえよう。

このように，同じ「しょうゆ」という商品を製造・販売するといっても，世界各地の食文化や商習慣の違いは想像以上に大きく，現地にうまく適応しながら，進出を進める必要がある点に難しさがあるといえよう。

5．異文化尊重と「本分」を重視した市場展開

ここまでみてきたように，キッコーマンが，和食文化の代表的商品の一つであり，まさに文化的な商品ともいえるしょうゆを，グローバルに販売し，さらに好業績をあげている背景にはどのような経営理念があるのだろうか。それは，一言で言って「異文化尊重と相互理解」といえるが，中国市場の展開においても，文化交流を通じての相互理解と自社の経営理念を貫いていく必要があるだろう。

キッコーマンは，経営理念にも掲げているように「地球社会にとって存在意義のある企業」であるために，商品の製造・販売だけでなく，さまざまな取り組みを行い，海外での展開に際しては，進出した国での「良き企業市民になる」ことを重視している。中国市場では，前述の万博や大学を舞台にした文化交流のほかに，社会人向けに「日本料理勉強会」を開いたり，食文化交流のイベントに商品を無料提供するなどの社会貢献と広報活動を進めている。

このように，海外の食文化と融合しながら新しい価値を生み出す努力を続けているわけだが，この考え方からは，日本のしょうゆの海外普及において，たんに和食を持ち込み，普及するだけではなく，いかに現地の食材や料理に

第8章　企業のグローバル化と食文化交流

日本のしょうゆを使ってもらうかという点を重視しなければならないという点が重要である。現地でのヒアリングでは，「素材を選ばず，様々な料理になじむしょうゆの特徴を活かして，現地の食文化との融合を図ることがしょうゆを普及させるために大切である」との説明を受けた。こうした考え方は，海外に進出する企業にとって，業種を超えて重要な意味を持つものと考えられる。

一般に，日本のしょうゆを想起すると，「日本の料理に合う」というイメージが強く，日本料理と組み合わせた市場展開しか考えられないことが多いが，キッコーマンブランドの場合は，中国現地の素材を活用した新しいレシピの提案などを積極的に行い，販促活動にキッコーマンしょうゆを使ったレシピを取りまとめた冊子を配布するなど，現地の料理との融合による「新しいおいしさ」の開発と普及に力を入れている点は特筆できよう。

つまり，キッコーマンは，相手国に応じて変えるべき所は変えながら，己の「本分」を守ってこそ「存在意義」を認められるという考え方のもとで，各国の食文化，商習慣に適応（宣伝方法やレシピなどは各地の市場に合わせて変更）しながら，安全で高品質な醸造しょうゆの供給という点では，変えてはならない「本分」を守っている点が注目に値しよう。その結果，独自の高い技術により世界各国でつくられるキッコーマンのスタンダードしょうゆは，すべて同じ品質・規格・味となっているのである。

中国市場でも，中国人の味の好み，中華料理の用途等に応じて，中国市場に合った商品を生産販売しているが，醤油の製法，スタンダードしょうゆの味は本来のものとまったく同じものであるという。

キッコーマンがこだわる「本分」とは，同社の3百年以上の歴史を通じて培われた伝統と考えられる。そうした確固とした「本分」を守ることによってこそ，世界各地で存在意義を認められ，100ヶ国以上の国で受け入れられるのだといえよう。変えてはいけないものと，時と場所によって変えていくべきものとのバランスが非常に重要であることを，キッコーマンの国際的な経験が教えていると考えられる。

6．小括

　1990年代以降，多くの日本企業がグローバル化の波に乗って，海外進出をとげてきた。しかし現在では，撤退を余儀なくされた企業も多い。キッコーマンがアメリカ等の海外市場で，一定の成果を収めている背景には，前述したように，足が地についた経営を堅持していることが重要な要因であるとみることができる。

　キッコーマンの中国展開は，いまだ，緒に就いたばかりであるが，本章で述べてきた食文化交流の推進や地道な努力により，中国においてもキッコーマンの知名度はいま急速に高まっていると考えられる。

　同社の生産計画によれば，現在，海外7カ所でしょうゆなどの調味料を計約25万kℓ生産しているが，この規模を2020年までに30万kℓへ引き上げ，海外売上高比率を現状の46％から，2020年までに60％にまで引き上げる方針であるという[5]。キッコーマンが経営理念にしている「食文化の国際交流」は，短期間には企業に利益をもたらさないかもしれないが，長期的視点からみると，企業にとってたんに金銭では測れない大きな利益をもたらすと考えられる。

　こうした背景から，日本の文化庁も，「国際文化交流を推進することにより」「我が国に対するイメージの向上や諸外国との相互理解の促進に貢献する」[6]ことを重点戦略とし，なかでも「食文化」による国際文化交流を推進すると述べている。

　こうした点にもとづけは，キッコーマンが推進している「食文化の国際交流」は，企業や社会に貢献するばかりでなく，日本の国益と国際友好増進にも寄与すると考えられよう。食品企業の海外戦略の一つの重要な視点として注目していきたい。

第8章　企業のグローバル化と食文化交流

注
（1）キッコーマン株式会社を以下では「キッコーマン」とする。
（2）日本食糧新聞社編（2008）による。
（3）キッコーマンの海外展開は，本章でも述べているように，北米，欧州，アジア，オセアニアへと拡大している。
（4）キッコーマン株式会社。http://www.kikkoman.co.jp/から作成。
（5）キッコーマン堀切功章社長による，2013年7月31日，フジサンケイビジネスアイのインタビューでのコメント。http://www.sankeibiz.jp/
（6）文化庁。http://www.bunka.go.jp/

参考文献
日本食糧新聞社編『食品産業事典』改訂第8版，日本食糧新聞社，2008年

（董　永傑）

第9章

食用油脂企業の海外戦略
―F社の世界戦略の中での中国販売―

1．はじめに

　日系食品加工企業は，1985年のプラザ合意に端を発する円高の急速な進行への対処の必要から，海外生産拠点の建設に本格的に乗り出した。この時期，日本の食品加工企業はタイを中心とする東南アジアへの進出を加速したが，1990年代になると改革開放政策の本格化により外資企業への優遇政策を推進する中国への進出が増加した（高［1］）。日系食品企業にとって中国は地理的に輸送コストがおさえられるメリットが大きく，多くの企業が中国へ進出したのである。

　このように，1990年代当時の日系食品加工企業の中国進出の主要な目的は，安価で豊富な労働力を活用し，低コスト製品を生産し，日本および欧米地域への輸出を拡大することであった。しかし，2000年代に入り，中国の急激な経済成長とそれに伴う消費市場の拡大により中国の市場としての役割が拡大してきた。これとほぼ同時期に，中国における外資系企業への優遇税制政策の廃止・縮小，さらに人民元高などの影響により，中国へ進出する日系企業の中国域外への輸出メリットは徐々に失われていった。

　こうして，中国からの輸出メリットの縮小と，中国国民の所得増大による消費力の向上を背景に，多くの日系食品加工企業は，日本への製品輸出から，中国国内向けの販売に経営をシフトさせ，中国国内販売を活発化させている（中村［2］）。

　本章では，こうした大きな経済動向のもとで，日系食品企業が具体的にどのような海外戦略をとってきたのかを知るために，食用油脂企業F社を研究

事例として取り上げる。

　一般に，食用油脂業界企業の多くは，主原料の一つであるパーム油調達のために早期から東南アジア諸国へ進出しており，F社も，後述するようにプラザ合意以前から世界各地に生産・販売拠点を設立している。さらに，F社は，1990年代後半から2000年代においては，中国・東南アジアを含めたアジア地域における生産・販売を強化するなど，日系食品企業にとっての海外進出において常に先進的な事業展開をとげてきた。当然その間においては，海外進出に伴って発生する諸課題に直面し，これに対処してきた経験を有する。そこで，本章では，このF社を事例に，食用油脂企業の具体的な海外戦略の展開の実態と，そのなかでの中国市場の戦略の位置づけを明らかにしようと考える。その際の主要な論点は以下の通りである。

①F社の海外進出から現在の海外事業展開に至るまでの経緯に着目する。
②F社のアジア地域，とくに東南アジア・中国市場を中心とする海外戦略を明らかにする。
③F社グループ企業のSLT社およびFC社に注目し，その課題と対応の実態について整理する。
④F社において海外戦略を可能にした条件を明らかにし，F社の世界戦略における中国市場の位置づけと今後の課題を明らかにする。

　なお，本章作成に当たって，F社の実態調査を2013年8月，11月，2014年4月，6月に実施した。

　F社は，1950年に大阪府で創業した，植物油脂とその加工製品を扱う大手植物油脂メーカーである。また，SLT社は，1995年に中国山東省莱陽市において，中国系企業との合弁により設立された。このSLT社設立の当初の目的は，安価な労働力で大豆加工食品を生産し，日本へ輸出するためであった。その後，前述したような人件費などのコスト上昇要因から，輸出メリットが減少してきたため，現在，中国国内への販売へと戦略を転換しつつある。

　また，油脂製品を生産するFC社は，1995年に，江蘇省張家港市に日系企業との合弁により設立された。FC社は当初から中国国内販売を目的に設立

された。設立当初,高品質な油脂を生産・販売していたが,中国国内の消費力向上による食の西洋化により,現在では製菓・製パン素材の生産・販売を拡大させている。

このように,SLT社,FC社とも,中国経済の変化の中で,経営戦略の大きな転換を試みている企業である。

2．F社の概要

1) F社の事業内容

F社は,食品用加工油脂,業務用チョコレートおよび大豆たん白に代表される,植物性油脂の国内トップシェアを有する,日本有数の油脂メーカーである。F社は多様な用途別機能性油脂を生み出し,個体脂では国内トップ,また特に,チョコレート用油脂は,世界でもトップクラスのシェアを有している。

大阪府に所在する本社を中心に,子会社・関連会社は31社あり,従業員数は1,162名,グループ全体で4,034名である。資本金は約132億円,連結売上高は,約2,300億円,単体売上高は約1,360億円に達している。

F社の事業内容としては,パーム,ヤシ,大豆等の植物から搾油し,精製,加工販売する事業が主である。油脂加工食品の主な生産製品は,パーム油と大豆たん白製品であり,うち,パーム油およびヤシ油を利用した,①油脂製品,②製菓・製パン素材製品と,大豆原料を利用して,大豆たん白を抽出または加工し,③大豆たん白製品の製造・販売を行っている。①〜③の売上高構成比は,それぞれ①39.1％,②45.0％,③15.9％である。①〜③の具体的な製品を**表9-1**に示した。

F社は,大阪南部の事業所を油脂加工食品および大豆たん白加工食品の生産拠点とし,その他,関西に3カ所,関東に3カ所の事業所を保有する。また,大阪南部の事業所およびつくば市に研究開発センターを保有するなど,東西に研究開発拠点を設け,基礎研究および製品開発を行っている。また,

表9-1　F社の事業内容

油脂事業	油脂	チョコレート用油脂 製菓用油脂 冷菓用油脂 乳化油脂 フライ用油脂 クリーム用油脂 粉末油脂	等
製菓・製パン素材事業	チョコレート	カラーチョコレート アイスチョコレートコーチング	等
	乳化・発酵食品	クリーム類 マーガリン類・ショートニング 発酵風味素材 フィリング類 練り込み用素材	等
	食品素材輸入	冷凍生地 調理用素材	等
大豆たん白事業	大豆たん白素材	粉末状大豆たん白 粒状大豆たん白 大豆イソフラボン	等
	大豆たん白機能剤	水溶性大豆多糖類 大豆ペプチド	等
	大豆たん白食品	豆腐，油揚げ	等

資料：筆者作成

顧客への提案や最新情報の発信を行い，応用開発をするために，ショールームを，大阪南部事業所，東京都，つくば市，さらに，アジア地域を中心とする海外に数カ所設置している。

F社の経営方針は，「安全・品質・環境を最優先する。」というスローガンを掲げ，食品安全，環境保全に注力している。その具体的取り組みとしては，以下の3点があげられる。

①品質保証体制の設置

各事業部に品質管理グループを設け，原料調達から生産，出荷までの各工程で，F社が定めた規格・基準をクリアしているかを審査する方式を採用している。また，品質保証部を設置し，全社を横断的に品質保証する体制を構築している。

②品質保証システムの設置

仕入れ・生産・在庫・販売段階をデータベース化し，原材料から流通まで

の個々の製品を管理するトレーサビリティシステムを確立した。同時に，原材料の品質情報および個々の製品規格書をデータベース化した品質情報システムを確立した。これら2つのシステムを連携させる独自の品質保証システムを確立した。

③食品安全分析センターの設置

主に，原材料や製品の安全・安心を確保する，食品安全分析センターを設置した。遺伝子組み換え大豆，アレルギー物質，異物（有機・無機），病原性微生物，食品添加物に関する高度な分析・調査を行うとともに，2006年に施行された「残留農薬等ポジティブリスト制度」への対応に取り組んでいる。

2）F社の沿革

つづいて，F社事業の沿革についてみてみよう。F社設立の前身は戦後，カイコのサナギから油を搾油する会社であった。生糸相場の暴落により，経営不振に陥ったのち，日系商社I社の100％出資により大阪工場が独立を果たし，1950年に資本金300万円従業員41名で創業した。

その当時の創業理念が，①会社は規模の大小に関わらず，個性的に育てよ，②南方にコプラがある，ヤシ油をめざせ，である。この理念がF社のその後の方向を示すこととなった。

日本で初めて圧抽方式によるコプラ搾油に成功し，ヤシ油は洗剤等食用以外で日本の市場に受け入れられた。日本でいち早く，油脂からチョコレート用油脂やマーガリン等の製菓材料への加工を手がけた。また，西アフリカ原産のシアナッツから油脂を抽出しチョコレート用油脂製品を発売した。その後，ヒマワリ等の原料転換や新技術を開発し，競争力を高めてゆく。

1960年にはココア豆からの搾油を開始し，チョコレート素材の全国の洋菓子店へ販売を開始した。そのため，支店・販売網の整備を行う。1970年代には，チョコレート，クリーム，マーガリンの製菓3品を自社製造することが可能となり，製菓・製パン素材の事業を開始した。

大豆たん白事業は1961年の大豆輸入の自由化を契機に，1960年代に大豆た

ん白事業を開始した。独自の精製技術により特許を取得し，大豆たん白技術における第一人者の地位を築き，独自の加工技術を確立した。1973年には大豆たん白の最終製品化をはかり大豆たん白食品の生産を開始し，後に大豆ペプチド等の機能食材を発展させてゆく。

F社は技術力および提案営業により，独自の技術を開発してきた。1977年に消費者へ提案営業および消費者と共同開発をする目的でショールームを東京に設立し，1980年に大阪南部の事業所にも開設した。提案営業の成果としては，1986年に販売を開始したティラミスの原材料である植物性のフレッシュタイプのチーズ風味素材「マスカルポーネ」があげられる。この商品は生産が追いつかない状況になるほどのヒット商品となり，優秀ヒット賞を受賞した。現在，提案営業の拠点となるショールームは国内と中国，東南アジアを中心に5カ所となり，現在も拡大しつつある。

また，F社は新製品の開発に注力しており，研究開発に多くの費用と研究者を投入している。特許等出願件数は，創業当時から今までで国内2,751件，海外では1,847件，計4,598件に達している。2009年には，知財功労賞（経済産業大臣表彰）を受けた。

首都圏における進出は，1980年代後半に入って積極的に行われた。1990年代から2000年代にかけて関東圏内に研究所，生産工場を設立した。2007年に東京支店から東京支社に変更し一連の首都圏ネットワークが整備された。

F社の海外展開は，1980年代にマレーシアおよびフィリピンへパーム油・ヤシ油の調原材料調達のために合弁会社を設立したことに端を発する。またこの時期には，東南アジア，アメリカに関連会社を設立した。1990年代には，ヨーロッパ，そして中国への進出をはたし，中国および東南アジア地域へ多角的な事業展開を開始した。2010年にはブラジルへ南アメリカの販売拠点となる販売会社を設立した。2011年には，アフリカのガーナにシアナッツを搾油しチョコレート油脂をする工場を設立し，2013年にはインドでの生産・販売拠点として現地企業との合弁企業を設立した。

3．F社の海外展開

ここでは，F社の海外展開について詳しく見てみよう。

F社は，南方系油脂原料を調達する目的から，比較的早期から海外に進出してきた。現在，F社は世界10カ国にグループ会社を展開している。具体的には，中国7社，東南アジア8社，インド1社，南北アメリカ2社，ヨーロッパ1社，アフリカ1社を展開し，計20社に達している。

大別して，中国，マレーシア，インドネシア，シンガポールをはじめとするアジア地域，ベルギーを中心に事業を展開するヨーロッパ地域，および米国・ブラジルに拠点を置く南北アメリカ地域に分類される。

売上高別にみると，2012年において，海外部門の総売上高は628億円で，内，中国が約100億円（15.9％），東南アジア地域237億円（37.7％）（アジア地域全体では53.6％），南北アメリカ地域176億円（28.0％），ヨーロッパ地域115億円（18.3％）であった。これにたいして，日本国内の売上高は1,646億円であり，売上全体の約3割が海外部門から得られていることがわかる。

この海外事業の売上高は近年急速に増加傾向にある。その背景としては，とくにアジア地域の経済発展による食の洋風化に伴い，植物性油脂の供給が増大していることがあげられる。F社は早期から積極的な海外展開を行ってきた企業であるが，どのような海外展開をとったのか，詳しくみてゆこう。

1）東南アジア展開初期（創業～1970年代末）

F社が早期から進出してきた東南アジアの展開についてみてみよう。F社は，日本において後発の製油メーカーとして発足した。戦後の搾油原料の配給制制度により，戦前に創業した先発搾油企業には大豆や菜種といった原料が配給されたが，F社はその配給が十分に得られなかった。そのため，創業当初から主要油脂の代替品としてヤシおよびパームに注目し，日本企業では先駆的な搾油技術を開発してきた。ヤシやパームといった南方系植物は生産地域

が赤道付近と限定的なため，原料産地に拠点をもつ会社の方針により海外進出がはじまったのである。

　まず，F社は，1950年代にマレーシア，フィリピンに原材料調達を目的に進出した。両国でパーム油脂原料を購入するために現地企業との資本提携により進出を果たした。しかし，この時期は各国の政情不安定期であったため，輸出品が没収されるなど，生産・輸出がしばしば不安定となった。このような生産国の諸問題により一時撤退を余儀なくされるなど，1970年代までの東南アジアでの海外展開は，ごく限られた範囲にとどまっていた。

2）油脂原料生産拠点の確保と日本への輸出（1980年代〜1990年代）

　その後，1980年代に入り，F社は本格的に海外進出を開始した。1970年代後半以降マレーシアのパーム油のプランテーションが盛んになり（加納［3］），生産量が増加したことにより，パーム油脂等の原料調達および精製，1次分別のために東南アジアへの進出を強化した。1981年には，パーム油を2次分別し，スペシャリティファットを生産・販売するFOS社をシンガポールに設立し，続いて1985年には，原料からパーム油とパーム核油製品を生産するPAL社をマレーシアに設立した。さらに，1988年，日本輸出向けに2次分別した製油を利用した製菓・製パン素材を生産・販売するWSF社をシンガポールに設立した。1994年にはフィリピンに原料からヤシ油を精製するNLO社を設立する。

3）現地での生産・販売拠点設立期（1990年代〜現在）

　1990年代に入ると，東南アジアにおける現地市場の拡大に伴い，現地市場向け販売の強化を図った。1995年にインドネシアに業務用チョコレートの生産・現地販売するFBI社を設立したことを皮切りに，東南アジア市場向けの製品を販売する海外の子会社を次々と設立した。2003年油脂製品，製菓・製パン素材，大豆たん白素材の販売会社であるFSF社をシンガポールに設立した。2010年には油脂，製菓・製パン素材等，東南アジア向け製品を生産する

FOT社をタイに設立，さらに，2010年には製菓・製パン素材を生産し現地販売するMMF社をインドネシアに設立した。

4）地域統括本部の設置と新たなインド市場開拓

　アジア地域の製造・販売統括本部として，シンガポールのFSF社を，2012年にアジア地域統括FOA社として再編した。FOA社の事業目的は，アジア地域の事業促進，新規事業の企画及び統括対象会社への事業支援と域内グループ会社の連携推進である。同時に，東南アジア開発センターを開設した。設立の目的は，市場のトレンド・ニーズをつかみ，製品開発，マーケティング，提案営業を通しての新たな市場づくりを目的とし，組織体制の強化を図るためである。FOA社が統括の対象とするのは，パーム油とパーム核油製品を生産する，マレーシアのPAL社と，スペシャリティファットを生産・販売するFOS社，製菓・製パン素材を生産・販売するWSF社の3社である。PAL社の製品をFOS社で加工し，WSF社へ供給するというサプライチェーンがあったが，非効率な部分があり，FOA社が販売面も含めて効率化を総合的に図っている。

　FOA社の役割は，①各社の販売，マーケティング，開発の方向性を決定すること。②原料調達，購買，資金調達などの財務面も一体となって運営することでコストダウンと効率化を図ること。③東南アジア独自の条件を踏まえた戦略の立案，新規事業を創出することである。

　ASEANでは2015年に経済圏として，域内の関税を撤廃する方向である。そのため1つの国に工場を持つ必要はなく，域内であれば自由に物資を移動できるため効率的なサプライチェーンをつくることが重要となる。どこに何を生産する拠点を設立すれば効率がよいかを今後さらに考察する必要があるという。

　さらに新たな市場開拓として2014年インドに製菓・製パン素材の現地生産・第三国輸出拠点としてTF社を現地企業と合弁で設立した。インドは独自の複雑な税制度があるため合弁企業を慎重に選択したという。インドは現地販

売向けの安価な商品生産だけでなく，ヨーロッパ向けの高品質商品の拠点ともなり，将来的にアフリカ向けの輸出拠点にもなりえる可能性を持つ。また，インドはパームヤシの生産をしているため，パーム油の調達にも有利となる。

5）F社の東南アジア展開

　ここまでみてきたように，F社は，創業当初から1980年代まで，南方油脂原料を調達するために積極的に東南アジアへ進出した。1980年代にはパーム油を精製，1次分別および2次分別するグループ企業を設立し，日本への輸出を行った。その後，1990年代から現在までは，東南アジア諸国の経済発展に伴う食の洋風化が進み製菓・製パン素材およびチョコレート油脂の消費が増加していることを背景に，現地での販売を目的としたグループ企業を各国に相次いで設立した。そして2010年以降は，東南アジア圏の中心であるシンガポールにFOA社を設立することで，更なる効率化を図っている。また，インドへ新規販路を求めて進出しており，F社の東南アジアを中心とする事業は拡大しつつある。

　F社の現地からの垂直統合的なパーム油調達の利点としては，①精製段階から食用加工油脂製造までの流通チャンネルを短くすることで，安価なパーム油製品の販売が可能となること，②自社内で生産された副産物の消費・販売による費用の逓減と収益の増加が見込まれること，③多様な仕様のパーム油関連製品が製造できることの3点が挙げられる（八木［4］）。

　しかしながら，現在，東南アジア地域はパーム油，ヤシ油の原材料供給拠点としてだけではなく，精製，1次分別，2次分別をする加工拠点，そして販売拠点として重要な役割を果たしている。

　今後は，東南アジア地域の工場は現地販売を目的にシフトしているため，従来なかった設備を導入し，よりスケールメリットが得られる場所へ工場を移転することを目指している。例えば，以前はマレーシアの原料をシンガポールへ輸出し，そこで最終加工していたが，今はマレーシアに硬化等をする設備を導入し，現地販売を目指した体制にしていく予定である。

4．中国国内事業について

つづいて，アジアにおけるF社のもう一つの生産・販売拠点である，中国におけるF社の展開を見てみよう。

1）F社の中国事業の沿革

F社の中国進出は，1980年代から大豆加工の技術指導を通じて，大豆たん白事業に関わってきたことに端を発する。それを土台に1990年代から本格的に進出を行った。1994年吉林省に大豆たん白素材を生産し日本へ輸出する目的でKFT社を設立した。1995年上海市に，豆腐等の大豆製品を生産し現地販売する目的でKRS社をM&Aで買収した。また，同年，山東省に大豆たんぱく食品を生産し日本へ輸出する目的でSLT社を設立した。同時に，中国国内販売を目的に製菓・製パン素材，チョコレート素材を生産・販売する目的で，江蘇省にFC社を設立した。

2000年代に入り，2004年に天津市に大豆たん白素材を生産するTFT社を設立した。2007年には広東省深圳市に，大豆たんぱく食品を現地販売するSKS社を設立した。

F社の中国事業では，中国国内への積極的な進出により，多数のグループ企業を展開している。現在，油脂，製菓・製パン素材，大豆たん白のF社の主要事業をすべて扱うまでに拡大している。進出地域は主に中国沿海の大都市を中心に，広く南北に工場および販売拠点を展開している。そのほとんどは大豆たん白素材関係の企業であるが，これは，もともと大豆の原料確保を有利に展開するために，日本へ製品を輸出する目的で設立された会社が多いためである。そのため，大豆たん白素材関係を生産する吉林省のKFT社，天津市のTFT社，後述する山東省のSLT社は，現在でも日本への輸出比率は比較的高い。

中国進出の特徴として，1990年代においては，安価な労働力と大豆たん白

第 9 章　食用油脂企業の海外戦略

原料を確保するための進出であり，その当時設立された企業は主に日本への輸出が目的であった。その後，2000年に入り中国国内の経済成長と人件費の高騰による対日輸出メリットの低下を背景に，中国国内への販売へと転換を図っている。この点，江蘇省のFC社は扱う製品が異なり（FC社はパーム油脂を原料とした製菓・製パン素材，チョコレート素材の生産・販売），目的は中国国内販売である。ここでは，大豆たん白食品を生産し輸出している山東省のSLT社，製菓・製パン素材，チョコレート素材の生産・販売を目的としたFC社の事例に注目し，どのように中国国内販売を強化しているかをみてみよう。

2）中国における大豆たん白事業―山東省SLT社の事例―

（1）SLT社の概要

　SLT社は中国山東省東部の莱陽市に立地している。莱陽市は，中国の数の野菜の産地であり，山東省の中心地である青島市から北へおよそ120kmに位置している。SLT社は，日本のF社，日系商社I社，中国系企業R社の三社の合弁企業であり出資比率は，1995年11月の設立当時，F社52％，日系商社24％，中国系R社24％である。

　SLT社の事業概要としては，中国産大豆と江蘇省FC社で生産している植物性油脂を基礎原料に，抽出した大豆たん白等を用いて，油揚げ，湯葉，冷凍豆腐を生産している。この基幹製品に，さらに山東省産の果実，野菜，鶏肉等を組み合わせた一連の大豆たん白冷凍食品を生産している。

　現在のSLT社は，第一工場（1996年設立）と第二工場（2003年設立）を有する工場体制である。第二工場では，主にもち巾着と，大豆を原材料とする豆乳，冷豆腐，湯葉，油揚げ等の豆腐製品を生産する。第一工場では，第二工場で生産した油揚げ，湯葉などを利用し，野菜，鶏肉，豚肉などの材料を組み合わせた巾着を作り，また，きんぴらごぼう，筑前煮などの惣菜類も生産している。年間生産量は約2,700トンである。

　現在の従業員は約300人であるが，2008年のピーク時には実に約1,000人に

まで達していた。このように，近年の人件費高騰と原材料価格の上昇，円安等の理由で，コストダウンを図るため，作業の機械化を積極的に推進し，人員の削減を進めている。この結果，2011年に約580人，2013年には約300人までに大幅に減少させたのである。

（2）SLT社の中国展開

現在SLT社の製品の年間生産量は約2,700トンである。そのうち，約75％は日本向けで，約25％は中国国内市場向けである。前者の日本向け惣菜等の製品は，F社を経由して輸出され，販売されているが，OEM生産の割合が高い。たとえば，日生協コープブランド製品，日給連の選定の製品，日清医療所のPB商品等が，その主要品目である。

後者の中国国内販売向けの25％は，主に2つの販路に分かれている。一つは，中国に展開する日系企業向けである。今ひとつは中国国内の外食企業向けである。前者は，日系冷凍食品企業の原料となり，日本に輸出される場合もあるが，後者は中国国内向けである。

周知のように，現在数多くの日系冷凍食品企業が中国に工場を設立している。山東省周辺だけでも，ニッスイ，ニチレイ，味の素等の冷凍食品会社が各種の冷凍食品を生産している。しかし，豆腐製品に関しては，油揚げ，豆腐，もち巾着のような惣菜はほとんど中国で生産されていない。そのため，前者の重要な販売先となっているのである。また，近年，中国における外食企業では，巾着類，豆腐類などの需要が拡大している。今後はとくに後者の中国国内の販売および外食市場を中心に販売を拡大してゆく予定である。これは，輸出メリットの減少およびアジア地域に展開する日本食料理屋への供給という経済条件の変化に対応したものである。

（3）外食産業への進出

中国国内販売の主要販売先は，前述したように，一つは日系食品企業であるが，円安の進展等により急速に減少しつつある。かわって，SLT社が新た

な販売先として重視しているのが，中国，香港，韓国，東南アジア等の外食市場である。周知のように，これらの地域では日本食は一大ブームとなっている。とくに中国では，巾着製品について，日本レストラン，日本食の居酒屋等においての一定のニーズをもつ企業が存在している。このなかでは，とくに，香港，上海，台湾，広州に展開する大手居酒屋チェーンのワタミがSLT社の巾着製品を使用し，また，はなまるうどん（上海市等）のおでんの巾着もSLT社が提供しているという。しかし，近年では，日本食レストラン，居酒屋だけではなく，中華料理店にもその販路が拡大している点が注目できる。

（4）中国「火鍋」市場への進出

2012年，日本の外食市場規模は約23兆円であった。一方，2011年の中国の外食市場規模は約2兆元（1元＝16円として約32兆円）であり，2012年は約2.3兆元（同，約37兆円）に達した。その中でも，外食市場において，中国の特徴的な外食産業として「火鍋」店（中華鍋料理を基本とする外食レストラン）があげられ，全体の約30％を占めている（市場規模約7,000億元，日本円で約11.2兆円規模）。こうした状況の中で，SLT社は，現在，中国「火鍋」市場に，まず，巾着，揚げ製品等の売り込みを中心として努力を続けている。SLT社での聞き取り調査によれば，現在，SLT社の巾着類のうち，「もち巾着」関連商品はすでに「海底撈」（業界売上げ3位），「小天鵝」（同7位）の2つの「火鍋」チェーン店への納品を果たしており，他の「火鍋」チェーン店とも交渉中だという。

（5）SLT社の事業展開

山東省莱陽市のSLT社の販売戦略の主要な要点を以下にまとめてみよう。
①中国市場に適応した製品の開発
中国市場に参入できる商品の選定は事業の成否を左右する重要な要因であると考えられる。そのため，SLT社は中国でほとんど生産されていない巾着

類を販売の中心とし，さらに，中国人の好みに合わせて，鶏肉野菜巾着，鶏もち巾着等の新商品を開発した。

②進出領域の選定

中国国内販売を活発化させるためには日本食店および日系企業との取引の枠組みを超え，現地中国系企業との取引が欠かせない。

中国における外食市場の約3割を占める「火鍋」は，南北の地域差なしに，非常に人気が高い外食業態である。年間を通じて火鍋の消費量はほとんど変わらないという点は火鍋市場の強みともいえる。SLT社は，前述した巾着類が火鍋での具材になるという点に注目し，火鍋市場に巾着類を売り込み，中国国内販売を拡大することに成功している。

③新規販路の拡大

中国，韓国，香港，東南アジア等，アジア地域において日本食は一大ブームとなっている。この状況下でSLT社は，中国の他に，韓国や東南アジア諸国の日本料理店を中心とする外食市場に商品の販売を順調に拡大させている。これは，日本で生産するより中国で生産した方が安価であること，震災による日本製品の輸出規制，近距離にあることなどのメリットを有していることが要因としてあげられる。

④高品質製品の生産

SLT社は高品質なNon-GMO大豆を原料とし，日本の最先端技術を用いて安全・安心な大豆タンパク製品を製造している。現在中国国内では，消費者の安全・安心意識が高まってきていることから，安全・安心な製品を生産・販売することは事業成功の1つの要因であると考えられる。

3）製菓・製パン素材，チョコレート素材の生産・販売―江蘇省FC社の事例―

（1）FC社の概要

FC社は1995年7月に，江蘇省張家港市の経済開発区に設立し，1997年12月に創業を開始した。設立当初の資本構成は，日本のF社が74.2%，およびF社グループの現地法人が7.1%，その他日系商社，中国系企業が18.7%等で

あった。

　FC社は，パーム油等の原材料から高品質の油脂および製菓・製パン素材を生産・販売している。FC社は上述したように，現在，主にマレーシア等から輸入されるパーム油を中国現地で購入し現地調達している。パーム油はその後，精製工場で精製され，油脂製品として出荷されるか，分別工場で独自の技術で，油脂を機能別・用途別にわけ，さらに加工された製品として出荷される。機能・用途別にわけた油脂は，マーガリン工場，チョコレート工場，カスタード工場に運ばれる。マーガリン工場では，主に製菓・製パン用マーガリンとショートニングが生産され，チョコレート工場は，高品質・多機能な性質を持つチョコレートを生産している。また，FC社では，カスタードの生産設備を中国ではじめて導入し，カスタードクリームを製菓・製パン業者向けに販売している。生産量はマーガリンが16,000トン/年，チョコレートは1万トン/年，フィリングが3,500トン/年，その他，精製された油脂を含めると67,000トン/年にのぼる。

　FC社は，営業拠点として上海支社を設立し，日本人従業員2名を中心に営業活動を行っている。また，2009年4月に中国で初めてショールームを上海に設立した。現在，FC社の従業員は日本人社員6人，台湾人7人（総経理，営業部長を含む），現地従業員は工場300人，営業100人である。

（2）FC社の中国展開

　中国では近年，経済成長に伴い食生活の欧米化が進み，油脂需要は増加している。パーム油においても現在日本の約十倍にあたる年間約600万トンが輸入されており，世界トップクラスの輸入国となっている。中国では主にマレーシア系油脂企業が早くから中国沿岸部に製油工場をつくり，大量生産し安価な油脂製品を中国全土に供給することで中国製油業界のシェアを高めている。当時の日系食品企業は輸出志向型であったのに対し，FC社は中国国内販売を目的に設立した。FC社は，1995年に進出した当初，日系企業の流通菓子メーカーを中心に製油を販売しており，マレーシア系企業をはじめと

する製油会社よりも品質の面で優位に立ち，主に製油の生産を拡大し，販売を強化していた。しかしながら，近年相次ぐ企業参入による価格競争の激化により，新たな市場開拓をすべく製菓・製パン素材の参入をはかり中国事業の展開および拡大を図っている。

（3）FC社の製菓・製パン製品の参入

中国におけるパン市場は，近年，約125％／年の高い成長率を示している。しかしながら中国全体ではいまだ多くの人々が中国系ファーストフード店で朝食を購入しているため，今後更なる拡大が見込まれている。FC社は上述した油脂企業との価格競争の激化により機能・用途別油脂の販売から，マーガリン，チョコレート，カスタード，フィリングといった製菓・製パン材料へ生産をシフトさせている。それでは，具体的にどのような戦略をとっているのか見てみよう。

①製菓・製パン職人不足対応の商品開発

現在，中国では目に見えて製菓・製パン店が増加しているのにもかかわらず，製菓・製パンの職人が不足している。そのためFC社は，職人不足を補う製菓・製パン素材の販売に力を入れている。例えば，代表的なものにカスタードがあげられる。FC社はカスタードの生産設備を中国ではじめて導入し，製菓・製パン業者に販売を開始した。その販売形態は，カスタードが封入された袋の先端がとがっている形状の製品を製造し，袋の先端を切ることで，簡単に絞ることができるように工夫されている。そのため素人でも簡単にパンやケーキのデコレーションすることが可能である。FC社カスタードの販売量は約125％／年と増加傾向にあるという。また，FC社は様々な味および品揃えの商品を取りそろえ，多様な顧客の要望に答える商品開発を行っている。

②台湾企業との協力

FC社は上海支社を設立し，中国・アジア全土における販売拠点および情報拠点として位置づけた。現在，日本人従業員2名を中心に営業活動を行っ

ている。また，以前は25人であった営業担当の現地職員を現在では100人に増強し，営業の強化をはかっている。

　こうしたなかで，中国大陸では台湾系企業が製菓・製パン業の発展に大きく貢献したと言われており，現在，中国の製パン市場は台湾系企業が中心となっている。そのため，台湾系製油メーカーの商品が台湾式製パン・製菓店に好まれている。この状況の中でFC社は営業力を強化するために，2008年にF社が6割，大手台湾系企業が4割出資する形で戦略的提携を結んだ。2012年に台湾人を総経理に任命したことにより，徐々に販売戦略を台湾人に委ねている。これは中国の製パン市場における台湾企業の強みを取り込もうとしたものである。

　③実演および提案営業のショールームの設立

　FC社は2009年4月に上海にショールームを設立し，製菓・製パンのソフト開発や顧客（バイヤー）との交流などを行っている。製菓・製パンなどの需要が急速に高まっている中国において既存製品，新製品の品質確認を行う場，また中国市場に最も合った最終製品への応用例を顧客とともに考察し，実際に実演する場として活動している。現在ショールームは北京，上海，広州の沿岸部に存在するが，今後，成都，重慶等の内陸部に設立し，販売体制を整えていく方針である。

（4）流通菓子市場

　FC社のもう一つの柱が流通菓子業界での販売である。製菓・製パン市場は利益率は高いものの，販売量が限定されている。一方で流通菓子市場は，利益率は高くないものの，取引量が多いため，年間を通じての工場の稼働率向上が可能となる。このため，流通菓子業界はFC社にとって非常に重要な市場の一つである。主にチョコレートを中心とする流通菓子（賞味期限が8カ月～1年）の原材料を生産している。取引相手企業は，数量ベースで，欧米系が約50％，中国系が約25～30％，日系は15～20％ほどである。FC社の取引先は日系よりも中国・欧米比率が高いため，代金回収は避けられない課

題の一つである。FC社はこの点で,中国市場に明るい台湾系合弁相手の力を借り,さらに取引先の与信管理を強化する方法で対応している。

(5) FC社の事業展開

FC社の事例から,その販売戦略の主要な要点を以下にまとめてみよう。

①豊富な品揃えと顧客対応

FC社は日本の開発研究技術を最大限に利用し,中国市場においても製菓・製パン用油脂製品のアイテムを増やすため商品開発に力を入れている。また,不特定多数のバイヤーにたいしては,ある程度規格を揃えた一般用の商品を販売しているが,大口顧客が使用する商品については,個々の製品の品質の差別化を図るためFC社は顧客と協力した商品開発も実施している。個々の製品についての知識,開発技術,応用技術等日本で蓄積した製品知識をショールームで顧客に公開し,製品開発について顧客との共同開発を進める,いわゆる提案営業を行っている。

②台湾系企業との提携による販売強化

FC社は製油の販売以外に,製油から作られる食品に付加価値を付け,川上から川下向けの製菓・製パン業界全体を対象とした販売戦略をとっている。そのため,中国における製菓・製パン業界で強い力を持つ台湾系製菓・製パン素材企業との競合が課題となってきた。設立当初FC社は,日系流通菓子企業が主要な販売先であったが,中国における製菓・製パン業界は台湾系企業が主流であり,FC社はさらなる販売強化のため,前述した台湾系企業との戦略的提携を結ぶことで販売力を強化している。

5. 小括

ここまで,F社の中国国内販売の事例を中心とした海外戦略についてみてきた。1980年代以降,F社はまず原材料獲得のために東南アジアへ進出してきた。中国においても,主に安価な労働力と原材料供給を目的に1990年代に

第9章　食用油脂企業の海外戦略

積極的に進出してきた。しかしながら，2000年代に入り，アジア地域における経済発展による消費力向上を背景に，日本への輸出から中国国内および東南アジア等の現地での販売を重視する現地販売に戦略を大きく転換させ，海外での販売を活発化させている。

　F社がグローバル化を成功させた要因は何であったのだろうか。海外戦略としては，以下の3点が考えられる。

①各地域の実情に対応した販売力の強化

　各国別に存在する個々のグループ企業において独自の戦略を立てることにより，各国々の諸問題に対処する体制をつくりあげた。SLT社の事例では，「火鍋市場」への参入がおおきなチャンスとなっており，さらにFC社の事例からは，現地を熟知した台湾系パートナー企業を活用することにより，販売ノウハウを獲得しているといえよう。

②日本における研究技術の活用

　F社は日本の研究所で蓄積された技術を海外のグループ企業で応用し，改良することにより，高品質製品の生産を可能にした。日本で蓄積された研究開発および技術は，海外で展開するグループ企業においても現地企業とは異なる多機能・高品質の生産製品をつくることに貢献している。

③研究部門と営業部門の融合

　研究開発に顧客（バイヤー）の意見を取り入れて共同開発を進める目的で，日本および海外でショールームを設立してきた。このことは，独自の商品開発と提案営業を行うことでいち早く顧客のニーズに対応することが可能となった。また，ショールームでは，顧客に商品から製造可能なレシピを公開し，どのようにF社関連商品が利用できるのかを周知させる役割も果たしている。現在，ショールームは，大阪，東京，つくば，上海，広州，北京，シンガポール，バンコクの8カ所で展開しているが，今後消費が拡大する中国・東南アジアを中心にさらに拡大する予定である。

　このようにF社は国際経済の変化に順応し，F社自身の経営戦略を巧みに展開させ，グローバル化を進めてきた。つまり，創業当初は原料立地のため

131

に東南アジアに進出し，海外の原料供給基地を開拓してきたが，その後，現地市場の成熟にしたがって，現地販売へと大きくシフトさせている。これを可能にしたのは，日本での経験は言うまでもないが，さらに海外展開の中で蓄積されてきた諸外国での経験（進出先国特有の課題への対応経験）がプラスされた成果であったと考えられる。そしてその経験が，現在，進出先国において，それぞれのニーズに適合した製品の多様化，ショールームを核とした提案営業の推進，新たな販売ルートの開拓などという多様な販売戦略を可能にしているのであろう。

今後，F社にはさらなる課題が提起されている[1]。それは，日本市場および欧米市場の低迷が今後も継続されることが確実である一方で，順調に拡大しつつあるアジア地域におけるサプライチェーンをいかに構築し，中国および東南アジアで販売を拡大するかである。

とくに，中国では，現在すでに約100億円の売上があるが，経済発展に伴う中国国内の消費が拡大するなか，今後，F社が，現在すでに操業しているグループ企業の中国国内の販売戦略をどのようにしてさらに強化していくかが課題となろう。SLT社は，付加価値をつけた商品を外食産業に取り入れることで販路を拡大しつつあり，中国以外のアジア圏にも販売を拡大させているものの，その中国国内販売戦略はまだ緒についたばかりであり（販売額全体のシェアはいまだ25％にすぎない），今後の市場展開が会社の命運を握ると言っても過言ではない。F社の今後のグローバルな生産・販売戦略にさらに注目してゆきたい。

注
（1）F社におけるヒアリング結果から。

参考文献
［1］高楊「中国における日系加工食品企業の展開―山東省の事例を中心に―」龍谷大学経済学論集　第50巻（1/2），43～54頁，2010年
［2］中村公省『2013年版中国情報ハンドブック』蒼蒼社，390～391頁，2013年
［3］加納啓良「東南アジア・プランテーション産業の脱植民地化と新展開―イン

ドネシアとマレーシアのアブラヤシを中心に―」東洋文化研究紀要,第158冊,221〜252頁,2010年
［4］八木浩平「我が国油脂産業におけるパーム油調達の垂直的調整分析―企業のチャンネル選択行動に着目して―」『フードシステム研究』19（4），375頁,2013年

　　　　　　　　　　　（金子　あき子・チョウ　サンサン・大島　一二）

第Ⅲ部　解題

中国国内市場におけるmade by Japaneseの評価

　中国の食料消費市場は，部分的な成熟と成長の局面を迎えつつある。

　中国都市住民の一人あたり食料消費量の推移（**表Ⅲ-1**）を見ると，食糧，野菜は90年代を通じて減少し2000年代に入って横ばい，卵は2000年以降横ばい，生鮮果実は2006年をピークに減少傾向で推移してきている。豚肉，鶏肉は2012年，牛肉・羊肉は2011年にピークとなっていて，今後の伸びが期待できないでもないが，豚肉は2002年ころから，牛肉・羊肉は2004年ころから，鶏肉は2009年ころから消費量の伸びが鈍化している。家庭での調理と消費に仕向けられる生鮮食料品の量は，ほぼ頭打ちの状況にあるといってよいだろう。

　一方で，中国都市住民の食料消費支出にしめる外食費の割合は，1991年の8％から2011年の21.5％へと大きく伸びてきている[1]。また，菓子の消費量は2000年代に入って増加傾向を維持してきている。食の外部化，嗜好品需要の増大が進みつつある。

　そのうえ，このような都市住民の食料消費市場の質的な変化は，量的な変化をも伴って進んでいる。中国における都市人口は一貫して増加傾向にあり，2011年には農村人口を上回った。2012年には農村人口が47.4％であるのに対して都市人口が52.6％，7億1,182万人に達している。また，中国経済の成長率が鈍化しつつあるとされているとはいえ，都市住民一人当たり可処分所得は，近年でも10％近い伸び率で推移している（**表Ⅲ-2**）。

　膨大な都市人口の一層の増加，彼らの可処分所得の高い伸び率を伴って，食の外部化，嗜好品需要の増大が進む中国市場は，長期に渡る低経済成長下の先進諸国食品企業にとって，有望な市場として位置づけられる。

　1990年代を中心に，中国はわが国にとって生鮮野菜，あるいは加工食品，外食向けの原材料の安価な供給基地として位置づけられてきた。しかしなが

表Ⅲ-1　中国都市住民の一人あたり主要食料消費量

	1990	1995	2000	2001	2002	2003	2004
食糧	130.7	97.0	82.3	80.0	78.5	79.5	78.2
生鮮野菜	138.7	116.5	114.7	115.9	116.5	118.3	122.3
豚肉	18.5	17.2	16.7	16.0	20.3	20.4	19.2
牛肉・羊肉	3.3	2.4	3.3	3.2	3.0	3.3	3.7
鶏肉	3.4	4.0	5.4	5.3	9.2	9.2	6.4
卵	7.3	9.7	11.2	10.4	10.6	11.2	10.4
水産品	7.7	9.2	11.7	10.3	13.2	13.4	12.5
生鮮果実	41.1	45.0	57.5	59.9	56.5	57.8	56.5
菓子	—	3.34	3.25	3.26	3.84	4.18	4.33

資料：中国統計年鑑

表Ⅲ-2　都市住民の一人あたり可処分所得の推移

西暦	可処分所得（元）	前年比伸び率（％）
1995	4,283	—
1996	4,448	3.8
1997	4,600	3.4
1998	4,866	5.8
1999	5,319	9.3
2000	5,661	6.4
2001	6,141	8.5
2002	6,965	13.4
2003	7,593	9.0
2004	8,174	7.7
2005	8,960	9.6
2006	9,893	10.4
2007	11,098	12.2
2008	12,030	8.4
2009	13,212	9.8
2010	14,244	7.8
2011	15,439	8.4
2012	16,932	9.7

資料：中国統計年鑑
注：可処分所得は、1995年を100とした時の都市住民消費物価指数で除した実質値である。

ら，上述のように特に2000年代に入って部分的な食料消費市場の成熟化傾向が現れるに至って，中国は世界の食料消費市場としてのプレゼンスも高めつつある。

こうした背景のもとで，本書第10章から第13章で紹介，分析されているようなわが国食品産業の中国進出が進んできているのである。

第10章では，洋菓子（ケーキ）の製造と小売にかかる日系企業の中国展開の可能性について，シェ・シバタとノーブルフーズを事例に検討が試みられ

単位：kg

2005	2006	2007	2008	2009	2010	2011	2012
77.0	75.9	77.6	—	81.3	81.5	80.7	78.8
118.6	117.6	117.8	123.2	120.5	116.1	114.6	112.3
20.2	20.0	18.2	19.3	20.5	20.7	20.6	21.2
3.7	3.8	3.9	3.4	3.7	3.8	4.0	3.7
9.0	8.3	9.7	8.0	10.5	10.2	10.6	10.8
10.4	10.4	10.3	10.7	10.6	10.0	10.1	10.5
12.6	13.0	14.2	—	—	15.2	14.6	15.2
56.7	60.2	59.5	54.5	56.6	54.2	52.0	56.1
4.39	4.46	4.90	4.83	5.09	5.09	5.01	5.18

ている。シェ・シバタは，中国の経済発展に比して，洋菓子の品質が十分に向上していないギャップに着目し，中国老舗洋菓子店に代表されるようなバタークリームによる「小鮮奶」や，ケーキ専門店ではないパンチェーンやコーヒーチェーンとの製品差別化可能な自社製品，店舗の厨房で製造する本格的な生ケーキの販売によって，中国進出で一定の成功をおさめている。このことが，社長であり自身パティシエでもある柴田氏の丁寧な現地スタッフへの指導によってもたらされている点は，個人の職人的技術によって成立している生ケーキ製造小売業の成功にとって重要なポイントであることが示唆されている。一方，比較的大量生産志向であるノーブルフーズは，日本における冷凍ケーキ供給力を補完することをきっかけとして中国進出したとはいえ，手作りによる冷凍ケーキという同業他者とは異なる製品戦略によって，中国での販路開拓を進めている。いずれにしても，高品質という意味での製品差別化により，中国ケーキ市場において独自の地位を築こうとしている点が注目される。

　第11章では，CoCo壱番屋の中国進出を事例に，外食チェーンの経営戦略について考察した。CoCo壱番屋では，日本で提供されているカレーの味を基本とする「日本の食文化としてのカレー」を，中国における新たな食品として提供する戦略をとっている。このことによって，カレーの価格は中国の物価水準の中では比較的高価格とならざるを得ない。そこで，高価格に見合うブランドイメージを確立するため，女性客をターゲットに店舗に高級感と広いスペースをもたせるとともに，中国特有の食習慣を踏まえ，テーブル席

を中心にメニューを豊富化している。日本における店舗がカウンター席を中心とし，主として男性客によって占められているのとは対照的であるが，女性客の確保を通じて結果的には男性客の確保につながっていることが示されている。また，先行してレトルトカレーの分野で中国に進出していたハウス食品の存在も大きいことが指摘されている。ハウス食品との合弁によって，カレールーの現地生産，現地調達が円滑に行われている。その他の原材料についても，先行して進出済みの日系食品企業が豊富にあることから，中国国内で調達可能となっている。

　第12章では，サイゼリヤの中国進出を事例に，外食チェーンの原料調達戦略，労務管理戦略を中心に考察されている。原料調達においては，従来中国資本による輸送サービスは荷物の扱いが粗雑で荷痛みが激しいという問題点があったが，近年の日系流通企業の進出によって改善が進んでいる。また，加工食材についても，日系企業や外資大手外食チェーン企業との連携によって一定の品質を保ちつつ低コストで調達することを可能としている。また，労務管理においては，中国特有の就業形態を尊重し，各種手当，従業員寮等の福利厚生の充実，明確な基準に基づく昇給・昇格制度等によって人材の安定的な確保を基礎として，サイゼリヤの重視する「オールラウンドプレーヤー」の育成を進め，日本と同等のサービスを提供すること企図としている。

　第13章では，成長期にあると目される事業所給食市場のニーズや特殊性，そこへの参入のための事業構想について検討している。そこでは，成熟した日本市場で培われた日系企業の管理ノウハウ，セントラルキッチンの設立と運営手法，「安全」イメージが求められていることが明らかにされている。また，中国における日系企業の開発輸入の中で形成されてきた自社を含む多様な輸出向け農畜産物生産販売企業や，取引先企業を活用した原材料の調達，日系セントラルキッチン設計・施工企業の活用，政府とのパイプ構築によって，中国事業系給食市場参入に当たって想定される課題の克服が企図されている。

　以上，4章5事例から，中国市場への日系食品産業参入の条件として，共

通項を幾つかあげるとすれば，第1に，成熟と成長の進む中国食品市場において独自の地位を築くため，日本独自の差別化された製品とサービスをできるだけそのままの形態で提供することである。第2に，中国における長年の日系企業の開発輸入の中で培われた原材料生産・調達能力，日系企業による輸送サービスの高品質化が，日本独自の差別化された製品を中国現地で製造することを可能としていることである。第3に，日本独自の製品をストレートに売り込むとはいえ，中国特有の消費習慣を踏まえた販売戦略が採用されていることである。第4に，中国独特の就業形態に配慮した人材育成，労務管理が採用されていることである。

一方で，中国進出に伴う独特の課題やリスクも指摘されている。コールドチェーンの不備や，一定の品質の物流網の整備が中国の一部地域に限定されていることが，日本の高品質な製品の広範囲での展開の制約となっている。このことは，長期的には解決されていくものと考えられるが，短期的には日系食品企業による過当競争が容易に生じうる要因となることも考えられる。合わせて，政府当局の強い権限への対応や，店舗に対する急な立ち退き要求，経済発展にともなって生ずる人件費，原材料費，家賃等諸費用の高騰，類似品の出現等のリスクも指摘されている。こうした中国市場への参入に特有の不確実性を踏まえれば，第13章にあるリアルオプションの視点は重要になるものと考えられる。中国が，人口や所得，経済規模からして巨大な消費市場であることは紛れもない事実だが，日系企業が高品質な製品を提供するための諸条件を考慮すれば，参入には相当の慎重さを要するものと考えられる。しかしながら，一つ一つの条件整備は，日系企業の中国参入プロセスそのものでもある。食品産業とその関連産業が一体となって，中国市場を開拓する余地は多分に残されているものといえよう。

注
（1）中国統計年鑑。

（成田　拓未）

第10章

中国における「メイド・バイ・ジャパニーズ」スイーツの販売展開とその可能性
　　　　—華東地域の事例を中心に—

1．本章の課題

　多くの日本人が中国の伝統的な菓子と聞いて思い浮かべるのは，あんがぎっしり詰まった「月餅」ではないかと思う。「月餅」以外にも中国には様々な伝統的なお菓子があるが，あんこやもち米を使った菓子が多い。1980年代前半まで，中国で菓子といえば，こうした中国伝統の菓子が主流であった。しかし，1980年代後半から，海外へ留学や旅行をする中国人が，また中国に留学，旅行する外国人が増え，中国の人々が外来文化に触れる機会が一気に拡大した。
　とくに近年，欧米諸国の食文化の浸透が顕著であり，スターバックスをはじめとした外資系コーヒーチェーン，パン，ケーキ，洋菓子，アイスクリーム等を販売する店舗が年々増加し，日系の関連企業による海外展開も見られるようになっている（**表10-1**参照）。
　改革・開放政策実施以降，塩蔵食品や冷凍食品等の開発輸入を目的に進出した日系企業の中国展開について論じた研究[1]が多く行われてきたが，最近では，中国国内の需要拡大により日系食品企業の開発輸入から中国国内販売への転換について解明した研究[2]が増えている。しかし，中国の消費市場に魅力を感じて進出した日系外食・食品企業，とりわけ菓子・スイーツ分野関連企業の展開について明らかにした研究はいまだ少ない。
　また，中国における国民所得向上の局面に注目し，国民の外食への支出動向を解明した研究[3]が発表されているが，その中では，中国における欧米

第10章　中国における「メイド・バイ・ジャパニーズ」スイーツの販売展開とその可能性

表10-1　上海市内における主な洋菓子店の展開状況

各資本別店舗		中国での創業年	上海市内店舗数	店舗形態	販売形態	ケーキ類単価	アイテム数	購入客の年齢層
中国系	Z	2008	11	パンチェーン 路面店舗, モール	イートイン	12〜23元/カット	約11	20〜30代
	S	2011	4	パンチェーン 路面店舗, 商業ビル	イートイン	16〜38元/カット	約11	20〜30代
台湾系	C	1993	543	パンチェーン 路面店舗 地下鉄駅構内	テイクアウト	9〜18元/カット	約20	30〜40代
	I	1999	20	ケーキチェーン 路面店舗, 百貨店, モール	テイクアウト イートイン	18〜25元/カット	約15	20〜30代
	B	2007	115	パンチェーン 路面店舗	イートイン	11〜14元/カット	約12	30〜40代
日系	S	2009	2	ケーキチェーン 路面店舗	イートイン	23〜46元/カット	約26	20〜30代
	M	2010	4	ケーキチェーン モール, 百貨店 商業ビル	テイクアウト イートイン	20〜38元/カット	15	20〜30代
	J	2011	3	ケーキチェーン モール, 百貨店	テイクアウト イートイン	28〜30元/カット	約9	20〜30代
	I	2013	2	ケーキチェーン 百貨店	テイクアウト	28〜34元/カット	約10	20〜30代
欧米系	英系H	1986	32	ケーキチェーン 路面店舗	テイクアウト	6.9〜8元/カット	約8	40〜50代以上
	米系S	1999	249	コーヒーチェーン 路面店舗, モール	イートイン	22〜24元/カット	3〜4	20〜30代
	英系C	2008	86	コーヒーチェーン 路面店舗中心	イートイン	23〜25元/カット	3〜4	20〜30代
その他	マカオ系L	2001	21	パンチェーン 路面店舗, モール	テイクアウト	15〜28元/カット	約10	20〜30代
	シンガポール系B	2003	47	パンチェーン モール	テイクアウト	14〜23元/カット	14	20〜30代
	韓国系P	2004	44	パンチェーン 路面店舗, モール	イートイン	16〜25元/カット	約12	20〜40代
	マレーシア系S	2007	31	レストランチェーン モール	イートイン	18〜35/カット	30	20〜30代

資料：各社のHP, 資料及び店頭調査より著者作成。
注：2014年3月現在。

諸国の食文化の浸透について明示しているものの，中国における洋菓子生産・販売等の動向についてはほとんど言及されていない。

　こうした背景のもとで，本章では，2013年現在，華東地域において洋菓子の製造・販売を展開するシェ・シバタ（本社岐阜県）とノーブルフーズ株式会社（本社三重県，以下，ノーブルフーズとする）の2つの事例を取り上げ，

141

中国におけるジャパニーズスイーツの展開過程，現状，そしてその可能性について考察する。

本章において，この2社を分析対象とした理由は，主に次のような点が指摘できる。

第1に，詳しくは後述するが，両社が中国へ進出した当初の要因をみると，ノーブルフーズが，日本における生産能力を補完するための，安価な人件費による低コスト冷凍ケーキ生産を目的とし，シェ・シバタは，中国市場における販路拡大を目的としている。いわゆる，前者は「低賃金労働者」，後者は「巨大市場」という，それぞれ異なる「魅力」に引き寄せられている点に大きな違いがある。

第2に，このような違いは，とりわけ洋菓子部門に限った問題ではなく，中国にたいする日本企業のスタンスとでもいうべき一般的な傾向にほかならない。それゆえ，両社を比較検討することは，日本企業からみた中国社会・経済の位置づけ，さらに将来のビジネスの発展可能性を探る上で多くの示唆を含むことになると考えられる。

以下では，シェ・シバタ，およびノーブルフーズの事例をあげ，中国におけるジャパニーズスイーツの可能性について分析を試みる。

2．中国における洋菓子販売動向──上海市を中心に──

上述したように，近年，中国国内では多くの外資系の洋菓子店が開店しているが，とくに上海市を中心とした華東地域には，日本だけでなく欧米，台湾等の多くのコーヒーチェーン，パンチェーン，ケーキチェーン等（以下，洋菓子店とする）が進出している[4]。

その背景には，上海は各国・地域の駐在員およびその家族等が多く，中国国民の需要拡大という側面だけでなく，駐在員家庭の需要の存在も大きいことがあげられる。また，上海市民の平均所得の高さ，海外知見を有する市民の多さなども上海地域が群を抜いていることも無視できない。そのため，多

第10章 中国における「メイド・バイ・ジャパニーズ」スイーツの販売展開とその可能性

写真1　老舗洋菓子店H社の概観と商品

くの外資系洋菓子店は，まず上海周辺地域に進出するのではないかと考えられる。

　現在，上海市内にある主要な洋菓子店チェーン16社のうち外資系は14社ある。その中で，中英合作企業Hは1986年ともっとも早くから進出し，今でも32店舗展開しているため，上海市内では老舗洋菓子店として有名である。創業当時から「小鮮奶」というバタークリームを使ったケーキを販売しており，購入する多くの客が50歳代以上である。客層が年配に偏っている理由には，以下の事情があげられる。H社が創業した当時，現在の主要顧客層は20歳代前後であり，彼らにとって唯一の洋菓子店がH社であった。そのため，彼らの中では「ケーキ＝小鮮奶」というイメージがいまだに強いのである。しかし，現在の20～30歳代になると，洋菓子店の選択肢が増加。そのため，H社以外の洋菓子店の客層は，20～30歳代が多くを占めている。

　H社の進出後，1993年に台湾系パンチェーンC社，1999年に台湾系ケーキチェーンI社，米国系コーヒーチェーンS社，2000年代に，マカオ系L社，シンガポール系B社，韓国系P社，台湾系B社のパンチェーンが進出，さらに中国系のパンチェーンZ社も開店し，洋菓子を購入できる店舗の選択肢が広がっていった。パンチェーンの開店が相次ぐ中，2009年に後述する日系のケーキチェーンであるシェ・シバタが進出した。パンチェーンが販売するケーキやH社や台湾系I社とは異なり，店舗に厨房施設を構え，本格的な生ケーキを販売した。その後，前掲表10-1から明らかなように，シェ・シバタの進

第Ⅲ部

写真2　台湾系パンチェーンC社の商品　　写真3　米国系コーヒーチェーンS社の商品

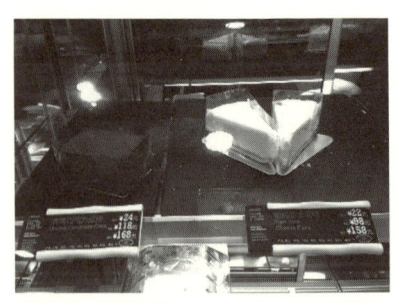

出以降，日系ケーキチェーンの進出が目立っている。

　2000年以降，様々な国や地域の企業進出によって洋菓子店の店舗が増加していったが，店舗の立地について考察すると，モールに店舗を構えている企業が多い。その理由としては，2000年以降，上海地域に大型モールの開店が相次いだことが考えられる。多業種のテナントを設けるモール側としては，空きテナントをなるべく少なくしたい，また，目新しく話題性のある店舗に入ってもらうことで，集客を図りたいと考える。さらに洋菓子店側としても，路面店舗よりもモール内のテナントの方が，集客しやすいと考える[5]。こうした両者の要求が一致し，モールが増加するとともに，モール内に立地する洋菓子店の数も増加している。

　以上のように1980年後半以降の上海市内における洋菓子店チェーンの展開状況について明らかにしたが，以下では洋菓子の価格について見ていきたい。

　上述した老舗洋菓子店H社の価格は，6.9～8元/カットと16社中もっとも低い。一方，日系は4社すべてが20元/カット以上，コーヒーチェーンの米国系S社，英国系C社も22元～25元/カットとなっており，輸入品の原料を用いて現地生産しているため，価格が高い。客層は前述のように20～30歳代が中心で，高くても品質のいい洋菓子を購入する傾向が高い。

　以上のような状況にある上海の洋菓子販売であるが，以下では，まず日系洋菓子店として，先駆的に進出したシェ・シバタの事例を元に，上海における日系洋菓子店の製造販売の展開について分析したい。

第10章　中国における「メイド・バイ・ジャパニーズ」スイーツの販売展開とその可能性

3．生ケーキ及び焼き菓子製造・販売店シェ・シバタの事例

1）新たな市場の発見

　シェ・シバタは，社長兼パティシエである柴田武氏のフランス留学後，2000年に岐阜県多治見市に設立され，その後，2007年に名古屋市千種区に第2号店，翌2008年には中区に第3号店，さらに，2009年には，上海浦西区に海外1号店，2011年に香港店，上海浦東店，2013年にはバンコク店をオープンしている。現在（2013年3月），日本国内3店舗，海外4店舗を有し，まさにアジアを活動範囲として店舗展開しているといえよう。

　こうしたアジアを視野に入れた店舗展開は，言うまでもなく2009年の上海進出が大きな契機となっている。もっとも，この上海進出を決めるにあたり，当時，それ以外の選択肢，たとえば，日本国内における店舗拡大路線，全国のデパートなどでの販路拡大といった選択も用意されていた。実際，当時，柴田氏のもとには，「東京進出」を始め，国内での店舗拡大の誘いが，商社などから多々寄せられ，そのために東京に幾度も足を運んでもいた。また，多治見市から名古屋市内への店舗展開というベクトルをみる限り，「東京進出」へと向かってもおかしくはなかったともいえる。しかし，ヒアリングによれば，柴田氏は，東京を始めとした国内市場にはそれほど「魅力」は感じなかったという。言い換えれば，東京よりも上海，さらにはアジアの市場のポテンシャルを読みとったと考えられる。

　2008年3月，柴田氏の最初の上海訪問の目的は，必ずしも上海進出ではなく，技術指導という仕事の依頼に応えるものであった。つまり，当初からアジア進出というベクトルを持ち合わせていたわけではなかった。だが，数回上海に足を運ぶなかで，市場のポテンシャルを感じ取り，アジア進出へ大きく舵が切られることになる。

　柴田氏が感じたポテンシャルとは，急成長を遂げる上海経済・社会と，当時の上海の低品質の洋菓子とのアンバランスな状態にほかならない。それは，

「街中で見かける人々の手には，最先端の携帯電話があるにも関わらず，なぜ，洋菓子のレベルは低いのか」という驚きであり，そのギャップに大きなチャンスを見出したといえよう。まさにこのギャップこそが，市場の魅力であり，この魅力は東京を始めとした国内市場を大きく凌駕するものであった。そして，上海進出後，香港，バンコクへと次々に進出を成し遂げ，今後は，上海市内における店舗拡大（現在の2店舗から5店舗へ），また，浙江省杭州市，湖南省長沙市への店舗展開，さらに，シンガポールなどへの展開が計画されている。このように，店舗拡大趨勢は今後も継続傾向にあり，それに伴い利益も確実に増大しているという。アジアという新たな市場の発見が，日本国内において販路を拡大した場合に予測されたもの以上に，大きな成功をもたらすことになったといえる。

　もちろん，このようなギャップを感じたのは，必ずしも柴田氏だけではないだろう。また，とりわけ洋菓子部門に限ったことではなく，「市場の魅力」は，さまざまな分野に存在していることも事実である。しかし，このギャップを埋め，成功することは決して容易なことではない。実際，中国では，進出した企業のうち，数年以内に撤退を余儀なくされるケースも少なくない。

　なぜ，シェ・シバタは成功したのか，次項で分析しよう。

2）上海におけるシェ・シバタの成功要因

　シェ・シバタが上海市場をはじめとするアジアにおいて成功を収めることができた要因としては，主に次の3点を指摘できる。

　第1に，「メイド・バイ・ジャパニーズ」スイーツの質の高さである。もちろん，シェ・シバタにおいて質の高い商品が提供できることは，柴田氏の個人的な技術に大きく依存しているのだが，日本スイーツ業界の伝統，蓄積された諸技術，さらには激しい競争環境の存在を無視することはできない。柴田氏も，日本スイーツ業界の厳しい競争の中で技術を高め，切磋琢磨しながら，そのオリジナル性を育んできたともいえるであろう。したがって，シェ・シバタが，欧米諸国からパティシエが集まる上海を始めアジアで成功を

第10章　中国における「メイド・バイ・ジャパニーズ」スイーツの販売展開とその可能性

写真4　シェ・シバタの店舗外観と商品

収めている事実は，たんにシェ・シバタの成功だけではなく，日本スイーツ業界の質の高さを裏付けているともいえる。

　第2に，高品質を維持するために，柴田氏自身が，多くの時間を用いてアジアの店舗を直接管理している点が指摘できる。現在，柴田氏は，上海，香港の支店には毎月1度，また，2013年にオープンしたバンコク店には2～3カ月に1度のペースで足を運び，自ら厨房に立ち，ケーキ作りを行っている。日本食を扱う多くの店舗の場合，日本人スタッフは，開店からしばらくすると帰国し，または足が遠のき，一気に商品の質が低下し，同時に客足も遠のく，という話はしばしば耳にすることであるが，シェ・シバタでは，こうした経営スタイルは取られていない。そのため，オープン後すでに3年半が経過しているが，質が低下することはなく，柴田氏が直接現地スタッフの指導を怠ることなく，むしろ質は向上し，売上げは年々増加傾向にある。

　第3に，柴田氏の多様な人間関係を形成する力を指摘することができる。上海進出の具体的な動きをみると，技術指導で訪問した上海において，知り合いの知り合い，さらにその知り合いと，交友関係を拡大していくなかで，現在の中国人パートナーに巡り合い，合弁会社を設立した。さらに，香港やバンコクへの進出も，そうした交友関係を広げていくなかで，それぞれのパートナーを探し出している。すなわち，いずれのケースも，パートナーが厨房付きの店舗を用意し，そこに技術指導として招かれてパティシエの能力を発揮しているわけではなく，柴田氏自身が積極的に経営に関与している。

もちろん，多様な人間関係のなかで，誰を優れたパートナーとして判断するかは，柴田氏の感覚的なものであり，個人的なものであろう。だが，その前提となる人間関係に広がりを持たせることは，そのための多くの時間を割かなければならず，多くの努力を必要とする。そして，限られた時間のなかで信頼関係を，それも外国人との間に築き上げることは，上述したようなパティシエとしての能力とは異なる，もう一つの経営能力が必要となるだろう。

以上，3点が成功要因であるが，シェ・シバタの成功は，パティシエとしての高い能力と高い経営能力，さらに人間関係を形成する能力とが，上手く絡み合いながら生まれた結果であるといっても言い過ぎではないであろう。パティシエとしての能力とは，コスト制限のなかで，如何にして高品質な商品を作っていくかという明確な目的のために，その能力が最大限に発揮されるものである。一方，人間関係に多様性を持たせるためには，無駄を無駄として切り捨てない能力が必要である。

柴田氏は，上海における成功を「運がよかった」という。この言葉の真意は，良いパートナーに巡り合えたということであるが，多様な人間関係に基づき，パートナーが選ばれている事実に照らせば，「運」という言葉だけでは説明しきれない要因が背後にあること言うまでもない。むしろ問題解決型の能力を最大限に発揮し高品質な商品を作りながら，他方では，上海進出という「夢」を多様な人間関係のなかで育みながら実現したといえるであろう。

4．冷凍ケーキ製造販売会社ノーブルフーズの事例

1）冷凍ケーキ分野としての中国進出

中国ノーブルフーズの日本本社は，三重県四日市市にあり，2003年に業務用冷凍ケーキの製造販売を開始した[6]。製造した冷凍ケーキのほとんどを国内のホテルに販売しており，現在160種のアイテムを扱っている[7]。2010年頃から，国内における洋菓子需要縮小の影響を受け，小規模冷凍ケーキ製造販売会社の倒産が相次ぎ，倒産企業の取引先の受け皿となる事態が増加し，

第10章　中国における「メイド・バイ・ジャパニーズ」スイーツの販売展開とその可能性

日本国内での生産能力が追いつかない状況となった。そこで，2011年5月に資本金5,000万円で中国法人を設立した[8]。中国ノーブルフーズは，江蘇省太倉市に本社を置き，冷凍ケーキの製造販売を行っている[9]。全従業員18人のうち営業が9人，うち蘇州市に1人，上海市に2人を駐在させている。また，日本人パティシエ1人[10]，中国人パート8人[11]を製造現場に配置している。

　マル型のケーキに換算して月7,000個を製造し，うち90％を日本に輸出[12]，残りの10％を中国国内に販売している。中国国内への販売は2013年5月から開始し，蘇州市や上海市を中心とした日系チェーンストアやレストランチェーン約50軒に販売している[13]。

　上述したように，同社は追いつかなくなってしまった国内の生産能力を補うために，中国への進出を決めたが，進出先を中国に決めた要因として，以下の2点があげられる。

（1）進出当時の安価な人件費による低コスト生産の実現
　同社が進出した要因の一つは，生産コストを引き下げ日本国内での販売による利益の最大化を目的としたものである。実際に，同社が製造現場のパート従業員に支払っている給与は1,550元/月と日本の4分の1以下程度であり，日本よりも低いコストでの製造を可能にした。しかし，同社は上述の要因による中国進出については，短期的な見方をしており，中国法人設立の3年間については，日本の生産能力を補完するための低コスト中国産冷凍ケーキの日本向け輸出を第一の目的としていた。一方，同社は，中国進出における長期的な魅力として以下の要因をあげている。

（2）冷凍ケーキ市場拡大の可能性
　日本ではバブル経済崩壊後，長期不況が続いたが，これを背景に，多くのホテルチェーンでは，人件費削減の一環として多くのパティシエの解雇を進めたため，ホテルで働くパティシエが減少した。その代わりとして，冷凍ケ

149

ーキの需要が高まったのである。しかしノーブルフーズは，冷凍ケーキがホテルのパティシエに代替することによる需要増加の動向についてあくまで一時的な傾向に過ぎないと考え，今後市場規模の拡大が期待できる中国市場へ進出した。これは，中国においても中長期的には冷凍ケーキの需要が高まるであろうとの予測によるものである。

2）華東地域における冷凍ケーキ製造販売の展開と課題

（1）製造及び販売の展開

同社が中国に進出する以前から，中国には中国資本企業による冷凍ケーキの製造・販売が行われており，日系の冷凍ケーキ製造販売会社も中国に進出している[14]。

しかし，同社と他社の異なる点は製造方法である。他社は主に機械で製造しているが，同社は計量から成形まですべて手作業のため，コストも機械製造の1.5～2倍かかる。また，同社の製品は，輸入材料[15]を多く使うことから，販売価格は他社と比較すると高く，約3倍にもなる[16]。しかし，解凍後の品質は上海市内の一般的な洋菓子店で販売されている生ケーキと大差ない。

同業他社は，機械化による大量生産，薄利多売の経営方針を採用しているが，これにたいしてノーブルフーズは，手作りによる高品質の実現と，少量多品目に対応できることで他社との差別化を図り，中国国内の取引先への販売に成功している。

（2）今後の展開と課題

同社は今後，中国国内への販路をさらに拡大させていきたいと考えており，現在も中国系ホテル等への営業を行っているが，ローカル企業同士の結び付きが強く新規で参入することが困難であるだけでなく，現在の中国国内のホテルには，かつての日本のようにパティシエが常駐しているため，ホテルへの販路拡大も短期的には厳しい状況となっている。

第10章　中国における「メイド・バイ・ジャパニーズ」スイーツの販売展開とその可能性

　そこで同社は，今後の有望な市場としてコーヒーチェーン，パンチェーンへの販売拡大を計画している。同業他社よりも価格は高いが，同業他社とは違った手作りだからこそ出せる質の高さを積極的にアピールしている。

　また，同社は販売先の範囲を拡大させたいと考えているが，冷凍を保ったまま輸送するには現段階の中国における輸送技術ではまだまだ困難であるため，上述した江蘇省，上海市に留まっている。その打開策として，同業他社が少ない中国南部に製造拠点をもう1カ所設けようと計画中である。

　このように，同社は中国における冷凍ケーキの市場はまだ拡大の余地があると考えており，中国国内向け冷凍ケーキの生産量は増加すると見込んでいる。しかし，同社は中国の人件費が年々上昇している状況において，機械は導入せずパート従業員を増やし[17]，手作りにこだわって冷凍ケーキを生産していこうと計画している。

5．小括

　以上では，中国において生ケーキの製造販売を行うシェ・シバタ及び冷凍ケーキの製造販売を行うノーブルフーズの事例をあげ，両者の中国進出の要因及び中国における展開について解明してきた。両者に共通している中国進出の要因は，中国における洋菓子市場拡大の可能性である。前掲**表10-1**でも明らかなように，上海市内だけでも，2010年以降に開店した洋菓子店が多く，店舗数は年々急速に増加している。日系洋菓子店の場合はケーキチェーンの開店が多く，日本の洋菓子の製造技術や品質の高さを武器として店舗数を拡大させている傾向が伺える。一方，中国系や他の外資系の場合，パンやコーヒーチェーンを販売対象とした事例が多く，これらの店舗では主力商品がケーキではないため，販売されるケーキは冷凍ケーキを用いるケースが多い。また，日本ほど洋菓子製造の技術が高くないため，日系のように技術や質の高さを売りにしたケーキチェーンの店舗展開をすることが困難であることも推測できる。

こうした状況を踏まえると，事例にあげたシェ・シバタをはじめとした日系洋菓子店の中国における需要はまだまだ拡大する見込みが高いと考えられる。また，上述した中国系や外資系のパンやコーヒーチェーンにおいて，今後，販売する洋菓子の質を高めようとする動向が強くなれば，手作りにこだわったノーブルフーズの冷凍ケーキの需要も高まる可能性が高い。

いずれにしても，現段階において「メイド・バイ・ジャパニーズ」スイーツの技術の高さは，中国国内において需要が高まっていることが伺える。本章では上海市内を中心とした華東地域における洋菓子の製造及び販売動向について考察してきたが，上述した「ケーキ＝小鮮奶（バタークリームのケーキ）」というイメージではなく，「ケーキ＝『メイド・バイ・ジャパニーズ』スイーツ」というイメージが中国全土に普及していくように，その質の高さを維持・向上していくことが重要である。中国における洋菓子販売の動向について，今後も注目していきたい。

注
（1）斉藤［7］石塚・大島［1］，石塚・大島［2］，菊地［6］参照。
（2）石塚［3］，石塚・相良・大島［4］参照。
（3）桂・伊藤・青柳［5］参照。
（4）コーヒーチェーン，パンチェーンでは，コーヒー・紅茶系の飲料，菓子パン，食事パン，クッキー等の焼き菓子，生ケーキが必ず販売されている。イートインスペースを設けているケーキチェーンは，上述の飲料とケーキを販売し，テイクアウトのみの場合は，ケーキのみの販売をしている。
（5）多業種が集まるモール内では，別店舗来店客の来店も期待できる。
（6）ノーブルフーズの前身は雉肉等の食肉の販売を行う会社であった。
（7）ホテルに納品された冷凍ケーキは急速解凍された後，デコレーションされて消費者に提供される。
（8）設備として必要なのはオーブン，ミキサー冷凍庫のみ。
（9）太倉には食品団地があり，日系の大手企業が多く進出している蘇州等と比べて，中小規模の企業に対して地元政府の誘致が積極的であるという。
（10）ノーブルフーズでのヒアリングによると，中国では「パティシエ＝華やかな世界」というイメージが強く，工場勤務を好まない傾向が強い。
（11）太倉市周辺の住民を採用している。

第10章　中国における「メイド・バイ・ジャパニーズ」スイーツの販売展開とその可能性

(12) 日本と同じ食味となるように製造される。月1回，船便コンテナ1本で太倉港から名古屋港へと輸送し，全国にある冷凍倉庫に保管され，注文があった際に，各冷凍庫から販売先へと輸送している。
(13) 試作品を制作し，中国国内の販売対象企業との食味，アイテム等の調整を経て，販売している。
(14) 日本の冷凍ケーキ業界における大手企業が進出している。この企業は江蘇省連雲港市に製造工場を有する。
(15) 砂糖は韓国産，ピューレ，クリームチーズ，バターは輸入商社から輸入原料を購入。小麦粉は台湾系企業が調達した中国産を使用している。
(16) 機械製造の冷凍チーズケーキの場合，30元/ホールで販売している。
(17) 同社は，現在の人件費の30~40%までの上昇には耐えられると試算している。

参考文献

[1] 石塚哉史・大島一二「日系食品企業による中国での食品加工事業の展開―野菜加工の事例を中心に―」『1999年度日本農業経済学会論文集』日本農業経済学会，415~419頁，1999年
[2] 石塚哉史・大島一二「日系食品企業の中国進出と企業展開―冷凍食品企業K社の事例―」『農業市場研究』第9巻第2号，日本農業市場学会，53~57頁，2001年
[3] 石塚哉史「日系食品企業における中国国内向け販売戦略の今日的展開」『農業市場研究』日本農業市場学会，第20巻第2号（通巻78号），40~45頁，2011年
[4] 石塚哉史・相良百合子・大島一二「日系食品企業における中国国内販売事業の今日的展開―山東省の事例を中心に―」『農林業問題研究』地域農林経済学会，第186号第48巻第1号，132~137頁，2012年
[5] 桂琴琴・伊藤亮司・青柳斉「中国大都市における外食消費の増大と多様化―主に10都市の住民アンケート調査から―」『農業市場研究』日本農業市場学会，第21巻第1号（通巻81号），13~20頁，2012年
[6] 菊地昌弥『冷凍野菜の開発輸入とマーケティング戦略』農林統計協会，2008年
[7] 斎藤高宏『開発輸入とフードビジネス』農林統計協会，1997年

(根師　梓)

第11章

外食企業のグローバル化と海外進出戦略
―― CoCo壱番屋の中国展開の事例 ――

1. 本章の課題

　近年，日本の外食産業の市場規模は縮小傾向にある。1997年の20兆円[1]をピークに，増減を繰り返しながら，2012年は17兆円あまりに留まっている。少子高齢化や人口減少などの構造的要因に加え，デフレによる熾烈な価格競争，人手不足など，外食企業を取り巻く環境は厳しい。
　そうしたなか，日系外食企業のなかには，躍進著しいアジア諸国へ活路を見いだす動きが本格化している。その要因のひとつに，アジア諸国における中間層の拡大があげられる。
　とくに中国は，近年の経済成長とともに所得水準が大きく上昇し，富裕層，中間層とも拡大している。2010年の富裕層・中間層人口は，7億7,400万人[2]あまりと言われているが，2015年には9億6,800万人，2020年には11億1,900万人に拡大すると予測されている。ASEAN諸国[3]においても，富裕層・中間層人口は，2010年の3億4,000万人から2020年には4億8,000万人あまりに増大する見込みという。生活にゆとりのある層の拡大により，外食分野における，より高い品質，高いサービス，新しい味覚へのニーズの高まりが予想される。今後の成長から見て，アジア諸国は，日本の外食企業にとってさらに重要な市場になるものと考えられる。
　これまで，この分野の先行研究においては，土屋[2]をはじめ，一般向けのビジネス書が中心であった。具体的な事例企業に的を絞って，日系外食企業の海外展開の実態とその課題に関して分析した研究論文はごく少ない。
　そこで，本章では，愛知県に本社を置く世界最大のカレーチェーン，

CoCo壱番屋を事例に，海外に進出する日系外食企業の経営戦略について考察を行う。具体的には，中国出店の経緯や日本のCoCo壱番屋との相違点，原料調達方法や人材育成，今後の課題などについてである。

後述するが，CoCo壱番屋は，中国，東南アジアをはじめ，世界8の国や地域に進出し，海外の出店店舗数は100店を超える。日系外食企業において，中国や韓国，台湾，東南アジアに進出し，比較的良好な成績を収めている企業はそれほど多くない。そのため，調査対象企業として適切であると考えている。

本章執筆に当たって，2013年1月に愛知県一宮市のCoCo壱番屋本社，同年6月に上海店舗において現地ヒアリング調査を実施した。

2．調査対象企業の概要と海外事業の展開

1）CoCo壱番屋の沿革と概要

CoCo壱番屋は，愛知県一宮市に本社を置く，全国有数のカレーチェーンである。昭和57年7月に設立して以降，店舗拡大を続け，現在，国内1,267店舗（直営店267店，加盟店1,000店），海外116店舗を展開している（**表11-1**

表11-1　CoCo壱番屋の海外店舗の概要

進出先	店舗数
アメリカ	7
中国	37
台湾	21
韓国	20
タイ	20
香港	7
シンガポール	3
インドネシア	1
合計	116

資料：CoCo壱番屋HPより作成（http://www.ichibanya.co.jp/comp/info/outline/index.html，2014年1月16日アクセス）。
注：店舗数は，平成25年12月末現在。アメリカは，ハワイ店，ロサンゼルス店の合計。

参照)。店舗数の合計1,383店は，カレーをメインにした外食チェーンとしては世界最大規模といえる。

CoCo壱番屋では，「ニコ，キビ，ハキ」[4]を社是として掲げ，顧客重視の店舗運営を柱としてきた。

2013年度の主要経営指標としては，資本金15億327万円，全従業員数は742名，店舗売上高は770億円（国内710億円，海外60億円）となっている[5]。

次に，CoCo壱番屋の沿革と海外進出の概要について整理しておこう。CoCo壱番屋の歴史は，1974年に創業者夫妻が愛知県名古屋市郊外で始めた「バッカス」という喫茶店から始まる。喫茶店経営をするなかで，カレーの出前サービスをスタートさせ，ここでの家庭的な味を基本とするカレー宅配の成功が，「カレー専門店，CoCo壱番屋」開店のきっかけとなる。

その後，1978年1月に名古屋市郊外西枇杷町に「カレーハウスCoCo壱番屋」1号店がオープンする。さらに，1981年には，CoCo壱番屋独自の「ブルームシステム」（のれん分け制度）を導入し，店舗展開は急速に進んでいく。1988年12月には100店舗，1992年に200店舗を達成する。1994年には国内300店舗と全国47都道府県下への出店を達成する。またこの年，ハワイ・オアフ島にCoCo壱番屋の海外拠点1号店を出店する。CoCo壱番屋の海外展開は，ハワイから始まったといえるが，ヒアリングによると，ハワイ店舗は従業員の研修，福利厚生が主目的であり，本格的な海外事業展開という性格ではないという。その後，国内において，毎年およそ100店舗のペースで出店し，1996年12月に400店舗，1998年1月500店舗，1999年5月600店舗，2001年1月700店舗，2002年5月800店舗，2003年11月900店舗，2004年12月に1,000店舗が達成された。

2）中国・東南アジア・アメリカ等への展開

国内の店舗数が900店舗前後に広がった2003年頃から，海外事業を本格的に推し進める方針が打ち出される。進出先としてまず候補になったのは，同じコメ文化を持ち，距離的にも近く，発展著しい中国であった。実際には

2004年9月に中国・上海市に中国1号店がオープンし，CoCo壱番屋の本格的な海外展開は，中国上海市から始まったのである。

上海に進出したきっかけは，CoCo壱番屋のカレールーの供給元であるハウス食品との関係が大きい。ハウス食品は，日本の国民食であるカレーの中国への普及を目的に，早くから中国事業を展開していた。中国の人々にとって未知の食べ物であるカレーを中国の国民食に根付かせるため，1997年にはアンテナショップ「上海カレーハウスレストラン」を立ち上げ，中国事業の展開の足がかりとした。ハウス食品のレストランは，多い時には4店舗まで拡大したが，徐々に店舗運営に苦戦し，1店舗に減少する。ハウス食品が退店を考え始めた時期に，CoCo壱番屋の海外進出の方針と合致し，両者による合弁での出店計画が進展したのである。そして，2004年には，ハウス食品60％とCoCo壱番屋40％の出資による合弁会社「上海ハウスCoCo壱番屋」が設立され，中国事業の展開を推し進めることとなる。その後，ハウス食品との合弁計画はさらに発展し，2005年9月には，台湾台北市に台湾1号店，2008年3月には韓国ソウル市に1号店がオープンしている。

中国，台湾，韓国に続いて，2008年8月にタイ・バンコク市においてタイ1号店，2010年6月には香港，2011年2月にはアメリカ本土（カリフォルニア州），同年9月にはシンガポールに進出を遂げ，2012年末には，海外店舗100店舗を達成する。2004年の中国進出から，およそ8年あまりの間に海外店舗は100店舗を超える規模に拡大している。現在では，国内店舗数が圧倒的であるが，2050年には海外店舗数が国内を上回ることも視野に入れており，CoCo壱番屋が海外事業に力を入れていることがうかがえる。

各国店舗における客数，客単価は**表11-2**の通りである。海外店舗の特徴として，米国ハワイ店を除いて，日本の店舗より座席数が多く，店舗が比較的広い。1店舗当たりの来客数が多く，売上げは日本より高いことがわかる。

このように，CoCo壱番屋は，アジア地域を中心に海外進出を進めているが，どのような経営戦略のもと，海外進出を行っているか，以下，考察を行う。

表11-2 海外店舗における客数・客単価等

展開エリア	店舗数	1店舗平均売上げ高／月	1店舗平均来客数／月	客単価	1店舗平均座席数
単位	(店)	(千円)	(人)	(円)	(席)
日本	1,215	4,799	5,146	836	35
米国（ハワイ）	4	8,593	9,675	888	25
中国	32	6,572	9,794	671	63
台湾	19	5,362	6,185	867	56
韓国	19	6,716	8,260	813	59
タイ	22	5,266	7,164	735	54
香港	6	11,987	11,213	1,069	63
米国（本土）	3	7,362	6,874	1,071	49
シンガポール	3	7,496	6,773	1,107	52

資料：CoCo壱番屋『2013 年5 月期決算説明会資料』（2013年7 月）より作成。
http://www.ichibanya.co.jp/comp/ir/company/（2013 年9 月28 日アクセス）

3）CoCo壱番屋の海外進出戦略

　一般に，消費者が外食企業（店舗）を選択する要素として，味やメニュー構成，価格，店の雰囲気，立地，接客サービスなどがあげられる。日系外食企業が海外において店舗数拡大を目指す場合，上記の点で，進出先地域に居住する日本人顧客だけではなく，現地の消費者に受け入れられるか否かが事業成功の鍵といえ，企業の海外進出戦略は重要な意味を持つ。

　CoCo壱番屋の海外進出戦略は，主に2 つあげられる。1 つ目は，味について，日本のCoCo壱番屋のカレーの味を基本としていることである。同社は海外展開の柱として，「日本のカレーを食文化として海外に広める」を掲げている。周知のように，日本人にとってカレーは国民食の地位を確立しているが，他方，日本以外の国においては，日本のカレーは数ある外国料理のひとつにすぎない。インドやタイなどカレーを日常的に食する国においても，同様といえる。CoCo壱番屋は，創業当時から，日本の家庭で食されるスタンダードなカレーの味をメニューの根本に据えている。海外においても，この基本姿勢は崩さず，「日本のカレー」にこだわり，現地の嗜好に合わせて大きく変えることはない。日本のカレーを知らない国において，新しい食べ物，新しい食文化として，提供する戦略といえる。例えば，タイにおいては，

タイカレーに近付くのではなく，まったく別の食べ物として展開している。

　新しい食文化として日本のカレーを広めるためには，まず，一度も日本のカレーを食べたことのない，CoCo壱番屋を知らない消費者に，店に足を運んでもらう必要がある。そこで，CoCo壱番屋が行っている2つ目の戦略として，「ブランドイメージの確立」があげられる。CoCo壱番屋の海外店舗は，日本とはまったく雰囲気の異なる店舗が多い。日本ではファストフードに近く，男性客が6割を占め，カウンターで食べる，という形態が主であるが，海外店舗では高級感のある店内，テーブル席が主で，ゆったりとくつろいで食事をする雰囲気になっている。店舗の雰囲気だけでなく，海外店舗では宣伝や広告の方法も異なり，例えば，タイでは，女性向けの高級ファッション誌に広告を出し，店舗のオープニングイベントで芸能人やスポーツ選手を呼ぶなど，ブランドイメージの構築に力を入れている。これらは，話題作りや集客のためともいえるが，もう一つ理由がある。先に述べたように，CoCo壱番屋の海外店舗では，日本と基本的に変わらないカレーを提供しているが，カレーだけではなく，コメや各種トッピングについても日本と同じ味，すなわち同じ品質のものにこだわって提供している。品目や時期によって変動はあるが，原材料において日本と同じ品質を求める場合，コストはかさみ，原価の上昇は，売価の上昇に直結する。例えば，中国ではカレー一皿30元（約480円）と現地の軽食と比較すると数倍の価格になる。カレーの品質を保つ価格設定を維持するためには，価格に見合う価値を消費者に感じてもらう必要がある。そのため，店舗の内装や従業員の服装にはコストをかけて，高級感とゆとりのある空間にしているという。ブランドイメージを確立することによって，多少割高であっても，流行に敏感な女性客は足を運ぶようになり，女性客の集客が見込まれれば，男性客や家族連れが続き，好循環が期待できる。こうした，ブランドイメージ戦略の結果として，海外店舗の女性客比率は約6割〜7割に達し，1店舗当たりの売上げも**表11-2**のように日本を上回る国と地域が増加している。

　このように，「日本の食文化としてのカレー」，「ブランドイメージの確立」

という戦略によって，CoCo壱番屋では海外事業を拡大している。それでは，海外事業の中心地域，中国における店舗展開について考察を行う。

3．CoCo壱番屋の中国展開と課題

1）中国進出の概要

　前述の通り，CoCo壱番屋の海外事業展開は，2004年の中国進出から本格的に開始した。上海から始まり，2014年1月時点では，上海24，北京3，天津4，蘇州3，南京1，瀋陽1と合計36店舗を沿海エリア中心に出店している[6]。

　ヒアリングによると，これまでの中国における出店の規模とスピードから，中国は全世界の海外店舗のなかで，3分の1を占める予定という。今後は，さらに，広東省へとエリアを拡大していく構想もあるが，経営方式を現在の直営店方式から，エリアフランチャイズ方式などへの変更が必要になってくる。以前，CoCo壱番屋は四川省成都市にも出店した経験があるが，店舗経費のほか，店舗管理のため上海から現地の駐在員を派遣するなどの管理コストがかさみ，撤退を余儀なくされた。直営店方式では，集中して出店し，人材を集中させ，管理コストを抑えた方が運営しやすい。一方で，地域を拡大し，多店舗展開するには，直営店では難しい。事実，日本のCoCo壱番屋においても，加盟店が圧倒的に多い。

　なお，中国での経営管理，運営は，日本からの駐在員2人（ハウス食品からの出向1名，CoCo壱番屋から1名），スーパーバイザー（店長経験者，中国人）7人が，各店舗を巡回して，指導を行っている。

2）中国における店舗運営の実態

　CoCo壱番屋の中国における店舗運営の実態について，2013年6月に実施した上海A店舗におけるヒアリング調査から考察を行う。

　上海市には現在21店舗が展開しているが，デパートやショッピングモール

第11章　外食企業のグローバル化と海外進出戦略

内の店舗が中心で，路面店は2店舗に留まるという。今回訪問したA店舗もショッピングモールのレストラン街の一角にある。

　まず，上海店舗全体の客層について，CoCo壱番屋が進出した当初から9割は現地人で，日本人客はほとんどいないという。また，当初は，客の7割は女性客であったが，徐々に，男性客が増え，現在では，全体的に女性客は約6割程度になっている。一人当たりの客単価は，43〜45元（約700円）と，現地の感覚では決して安くない。上海の1店舗当たりの1日の平均来客数は約200人だが，店舗によってばらつきがあり，多い店舗では，1日800人から900人ほど集客している。座席数は70席が平均的である。ゆったりと食事をする雰囲気を作るために，カウンターではなく，テーブル席が主となっている。

　中国店舗のメニューは，カレー中心の構成であるが，オムレツカレーをはじめ，日本に比べて店内調理の工程が多い。また，スパゲティなどの，日本の店舗にはないカレー以外のメニューも取り入れている。カレー以外のメニューを取り入れた理由は，家族連れや友人などグループでの来店が多い中国において，グループのなかにカレーを食べない人がいた場合，入店につながらない。その対策として，徐々にカレー以外のメニューを開発してきたという。現在のところCoCo壱番屋の中国店舗は，全店が統一されたメニュー，価格構成となっているが，今後は，地域ごとの価格設定などを視野に考えている。

　従業員は1店舗当たり平均15人，店長は中国人，調理スタッフは4〜5人，残りがホール担当となっている。従業員は，9割が正社員で1割がアルバイトという構成になっている。日本とは正反対の従業員構成といえるが，これは，中国店舗の特殊事情という。理由としては，中国政府の方針により，正社員の雇用が推奨されていること，また，1日の労働時間が4時間以上であれば，正社員へ登用するように指導を受けることなどがあげられる。正社員は上海以外の外地労働者が主であり，アルバイトは通勤範囲内に居住している地元上海人が多いという。一方で，従業員の離職率は高く，新聞，募集雑

誌，友達紹介など様々な方法で募集を行っているが，人材の確保は難しい[7]。従業員のなかには，一度辞めた後，再び就職するケースもあるという。なお，店長クラスはアルバイトからのたたきあげが多いという。

3）食材の調達ルート

原材料の調達先について見ると，中国店舗で使用する材料については，ほぼ100％中国で調達している。日本からの輸入原材料はない。コメは上海北部で調達しており，野菜やカツカレーに使用する肉は山東省が主となっているが，価格によっては，ヨーロッパ産を使用する場合もある[8]。カレーのルーは，ハウス食品の中国工場に，CoCo壱番屋専用のカレールーを製造依頼し，さらに，カレーソースについては日系メーカーにOEM生産を委託し，CoCo壱番屋の味に作られている。その他，カレーに加える様々なトッピング（フライ類等）について，40ほどのメーカーと取引を行っている。

中国では，日系の食品メーカーが多数進出しているため，原材料の選択肢が多く，原材料の入手も国内で済ませることが可能となっている。一方で，中国以外の国においては，進出先の国だけでの調達は難しいため，カレールーを日本から輸送するなど，コストがかさむ要因になっている[9]。

CoCo壱番屋はセントラルキッチンを設けず，カレーソースをはじめとする各種食材，店舗で使用する雑貨等について，メーカーからセンター（他社の借り上げ倉庫）に集め，そこから各店舗へ配送している（図11-1）。センターは上海1カ所，天津1カ所の計2カ所である。当初，北京にセンターがあったが，北京では運営が難しく撤退し，北京の店舗へは天津のセンターから運ぶように変更した。

衛生面や味の統一化のために，店舗での作業を最小限にするよう，メーカーの工場の段階においてほぼできあがっている状態にして各店舗に搬送している。しかし，中国のCoCo壱番屋は，日本よりも，店内で行う調理が多いメニュー構成になっており，また，きのこをはじめとする生鮮品も取り扱うため，従業員にたいする衛生管理等に関する研修を定期的に実施するなどの

第11章　外食企業のグローバル化と海外進出戦略

図11-1　店舗への原材料の流れ

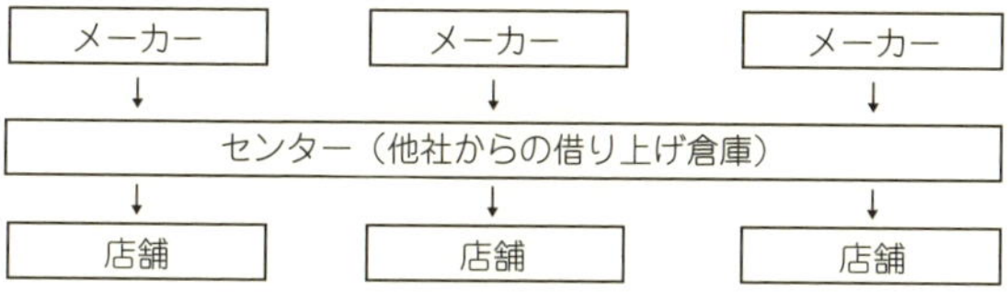

```
┌─────────┐  ┌─────────┐  ┌─────────┐
│ メーカー │  │ メーカー │  │ メーカー │
└────┬────┘  └────┬────┘  └────┬────┘
     ↓            ↓            ↓
┌───────────────────────────────────────┐
│　センター（他社からの借り上げ倉庫）　│
└────┬────────────┬────────────┬────────┘
     ↓            ↓            ↓
┌─────────┐  ┌─────────┐  ┌─────────┐
│  店舗   │  │  店舗   │  │  店舗   │
└─────────┘  └─────────┘  └─────────┘
```

資料：ヒアリング調査結果より作成。

対策を講じている。

4）中国における店舗運営上の問題─原価，人件費，家賃─

　中国における店舗運営上の問題として，家賃，食材費，人件費の上昇があげられる。ヒアリングによると，CoCo壱番屋の中国店舗における原価（food），人件費（labor），家賃（rent）の割合は，30：13：20となっており，家賃，原価が高く，人件費は抑えられている構造になっている。家賃の高さを，比較的安価な人件費で吸収しているが，現在，中国の物価上昇は急速であり，地代も高騰している。さらに，人件費も上昇していることから，カレーの価格改定の他に，店舗毎の地域価格の導入などを検討せざるを得ない状況にあるという。

　また，初期投資に大きな負担がかかることも問題のひとつにあげられる。店舗の賃貸契約は2年から5年契約で，3年ごとの更新が主流となっている。店のブランドイメージを高めるために，店舗の内装には約100万元（1,700万円強）ほどの費用をかけている。その他，現地政府の規定に沿った設備投資にも費用はかかるため，内装，設備併せて莫大な初期投資が必要になる。このように，多大な初期投資を行っても，貸し主の都合で突然の立ち退きを迫られることや，営業許可証が発行されないなどのトラブルも多く，中国での店舗展開はいまだ厳しい条件をいくつかクリアする必要があるといえるだろう[10]。

5）今後の展望と課題

　以上のように，CoCo壱番屋では，これまで出店と退店を繰り返しながら，比較的順調に中国において店舗数を増やしてきた。今後，さらに，多店舗展開を加速させるには，日本における「ブルームシステム」の導入と同様に，海外店舗におけるフランチャイズ方式を確立させる必要がある。

　CoCo壱番屋の主な収益源はロイヤリティーであるため，加盟店数の増加が事業収入に直結してくる。ヒアリングによると，海外においては，日本の直営店，加盟店方式とは異なり，現地の企業にエリアフランチャイズ権を渡し，事業展開を行う方法を模索しているという。今後，フランチャイズの導入を本格化させるにあたって，信頼できる現地のパートナーをいかに見つけられるかが，今後の課題といえるだろう。

　フランチャイズの導入に関連して，店長やスーパーバイザーなどの鍵となる現地の人材をいかに育成するかも大きな課題になると考えられる。今回の調査で，中国全体を統括できる人材を育てるために，天津と上海のスーパーバイザーを入れ替えて研修を行うなど，試行錯誤を行っていることがわかったが，中国では単身赴任制が普及していないため，遠隔地への異動が難しいという。管理の人材を育成，定着させることは，店舗の水準を維持することにもつながるため，重要な点といえるだろう。

　最後に，今後の課題として，中国における類似品の蔓延があげられる。これは，中国に進出している外資系企業において，業種を問わず，発生している大きな問題といえる。CoCo壱番屋の知名度が高まるにつれ，上海近郊をはじめ店名を似せた類似のカレー専門店が出現している。前述のように，外食企業が発展するためには，チェーン展開は欠かせないといえ，その際，ブランドの維持はもっとも重要な課題といえる。類似店の蔓延によって，ブランドイメージを損なう可能性は高く，類似点への対応は今後の課題といえるだろう。

4．小括

　本章では，CoCo壱番屋の海外展開の実態について現地調査から考察を行った。CoCo壱番屋においては，海外店舗は100を超え，今後，海外事業をさらに加速させる予定にあることがわかった。なかでも，中国での出店は積極的に進めており，2004年の進出から着実に店舗を増やしてきた。来客数の多い店舗では1日900人あまりを集客し，日本の1店舗当たりの売上げを上回る状況が出現していることから，現地の消費者のニーズをつかみ，日本のカレーが徐々に浸透してきていると考えられる。

　CoCo壱番屋が店舗を拡大している要因として，本章で考察を行った進出戦略が功を奏していることと，さらに，原材料調達における日系食品メーカーの活躍があげられる。中国では，日系の食品企業が多数進出しており，中国において日本基準の食品，原材料を入手できる環境が整備されている。さらに，日本から輸送するのに比較すると，現地調達はコストの面で大きな利点ともいえる。

　一方で，家賃，人件費，原材料費の高騰や立ち退きなどのリスクもあり，中国での経営を継続させることはそう容易ではないことも見て取れる。多店舗化についても，進出先の国や地域で，信頼できる企業との連携が不可欠ともいえ，類似店の蔓延への対策をはじめ，今後の課題は多いといえるだろう。しかし，国内の外食市場が頭打ちであることを考慮するならば，海外へ進出することは，外食企業にとって生き残りをかけた戦略ともいえ，今後，日本国内へと回帰することは考えにくい。

　CoCo壱番屋は，今後，東アジア，東南アジア市場だけでなく，カレーの本場，インドへの進出も視野に入れている。今後，どのように世界展開をしていくか，注視していきたい。

注
(1) ここでの外食市場規模については，集団給食及び営業給食（機内食・宿泊施設）は含めていない。（財）食の安全・安心財団「外食産業市場規模推移」より。http://anan-zaidan.or.jp/data/index.html （2013年9月28日アクセス）
(2) ここで述べている所得層の定義は，世帯年間可処分所得によって区分され，「富裕層」35,000ドル以上，「中間層」5,000ドル〜35,000ドル未満（5,000ドル以上〜15,000ドル未満を「下位中間層」，15,000ドル以上〜35,000ドル未満を「上位中間層」に分類），「低所得層」5,000ドル未満とされる。詳しくは『通商白書2013』「第2章伸びゆく市場の獲得（新興国市場開拓）」を参照いただきたい。
(3) ここでのASEANは，シンガポール，インドネシア，マレーシア，ベトナム，タイ，ラオス，ブルネイ，ミャンマー，フィリピン，東ティモールを指す。詳しくは『通商白書2013』を参照いただきたい。
(4) 接客の心構えについての「ニコニコ笑顔で，キビキビと働き，ハキハキと答えよう」の略。
(5) CoCo壱番屋ホームページより。http://www.ichibanya.co.jp/comp/info/outline/index.html （2013年12月25日アクセス），従業員数は平成25年5月末，店舗売り上げは平成25年5月期，店舗数は平成25年12月末現在のデータを示す。
(6) 出店したすべての店舗が，現在でも継続して営業をおこなっているわけではなく，契約更新やビルのオーナーの都合で退店するケースも多い。例えば，上海の1号店から3号店，北京1号店，2号店，天津1号店はすでにないという。
(7) CoCo壱番屋の中国店舗では，従業員のベースとなる給与を相場にあわせて加味している。さらに，能力次第でステップアップできる企業との認識を従業員に認知させるため，従業員毎に等級を作り，毎月査定を実施し，等級ごとの給料を明示しているという。調理スタッフは，2カ月半から3カ月ほど研修を受ける。
(8) コメは，コメ専門業者からジャポニカ米を購入している。
(9) タイの店舗へは，中国の日系食品メーカーから輸出している材料もあるという。例えば，カレーの付け合わせの福神漬けなど。
(10) CoCo壱番屋上海店舗ではこれまで路面店の出店はあるが，突然の立ち退きを余儀なくされた経験から，安定した出店を維持するために，デパートやショッピングセンターを中心に出店を行っている。ヒアリングから，CoCo壱番屋では，カレーのデリバリービジネスに参入することも検討している。中国では多くがマンション住まいであり，宅配は根付いているが，宅配を行う場合，路面店の営業でなければ配達が困難となるため，課題は残る。

第 11 章　外食企業のグローバル化と海外進出戦略

参考文献
［1］張兵「日系外食企業の中国進出の可能性と課題─吉野家，味千ラーメン，サイゼリヤの事例を中心に─」『都留文科大学研究紀要』第77集，2013年3月
［2］土屋晃『アジアで飲食ビジネスチャンスをつかめ』カナリア書房，2011年
［3］鶴岡公幸「中国における日系外食チェーンの事業展開」『宮城大学食産業学部紀要』2（1），75〜82頁，2008年
［4］野地秩嘉「現場リーダーの仕事術 「店長」図鑑（37）海外編　CoCo壱番屋　タイ　ジェネラルマネージャー　浅川幹大」『日経ビジネスAssocie』102-105頁，2013年2月
［5］宗次徳二『日本一の変人経営者』ダイヤモンド社，2009年
［6］宗次徳二『CoCo壱番屋　答えはすべてお客様の声にあり』日本経済新聞社，2010年
［7］宗次徳二「一大カレーチェーン「CoCo壱番屋」創業者　宗次徳二の"当たり前"で"一人前"を育てる仕事論」『THE21』PHP研究所，2011年11月，12月
［8］㈶食の安全・安心財団『外食産業資料集2012年版』2012年
［9］「フランチャイズ本部徹底解剖シリーズ：CoCo壱番屋」『FRANJA』2013年1月号，64〜70，73〜75頁
［10］「ガリバーの研究：CoCo壱番屋」『FRANJA』2006年9月号，90〜94頁

（西野　真由）

第12章

日系外食産業の海外進出戦略
――サイゼリヤの事例――

1．本章の課題

　周知のように日本企業は，1990年代においては，より安価で豊富な労働力と資源を求めてアジア戦略を展開し，その最重要海外拠点の一つとして中国戦略を展開してきた。本章で中心的に取り扱っている外食企業もその例外でなく，多くの企業が中国に進出してきたが，やがて中国経済の高度成長に伴う発展とともに，外食産業は中国に居住する日本人向けのニッチ産業から，莫大な人口を抱える巨大マーケットへと変貌する中国人向け産業へとその対象を拡大させてきたのである。

　一方，日本国内の外食市場に目を移すと，安倍政権下の日本経済は，経済対策及び日銀による金融政策の効果・期待から，円安・株高が進み，景況感は緩やかな改善を見せているようにも見えるが，円安による輸入原材料価格の高騰，業種を超えた異業種企業の参入による競争激化等により，依然として厳しい環境が続いている。

　このような情勢下で，今後も多くの日系外食企業が中国，東南アジア等へ進出することが予想できる。しかし，これもよく知られているように，関連法規，商習慣，食文化，風俗等が日本と大きく異なる中国，東南アジアにおいて，事業の失敗や撤退に直面する日系企業が多いことも事実である。

　こうしたなかで，日本を代表する外食企業の一つといえる株式会社サイゼリヤ（以下，サイゼリヤと略す）は，後述するように，中国，東南アジア等において順調に店舗展開を進めている。その要因はいかなるものなのか。本章では，サイゼリヤの海外事業を研究事例として取り上げ，以下の点を中心

に分析する。つまり，現地での，①食材調達戦略，②労務管理戦略，である[1]。サイゼリヤがこれらの戦略を用いて，中国の外食市場でどのように展開しているのかを考察していく。

2．調査企業の概要

サイゼリヤは，1967年，千葉県市川市の小さなイタリア料理店を1号店として，正垣泰彦氏（現会長）が創業した。2013年8月現在，創業46年で日本国内30都道府県982店舗，中国本土2都市113店舗，店舗総合計1,095店舗を経営している。このほかに，非連結子会社は海外4ヵ国・地域合計49店舗である。創業から1996年の約30年弱で日本国内131店舗，その後2006年度までの約10年間で874店舗まで急成長し，2013年8月時点で，国内外において1000店舗以上を開業している日本屈指の大規模外食チェーンである。

サイゼリヤは日本国内・中国・東南アジアにおける継続的かつ持続的な積極的新規出店や，商品力の強化，社内教育の強化，材料費の徹底管理による経費改善等で，各種プロジェクトに取り組み，さらなる収益力の向上を目指している。2012年9月1日から2013年8月31日会計年度の第41期連結決算は，売上高1,104億2,800万円，営業利益75億4,700万円（利益率6.8％），経常利益84億5,000万円（利益率7.7％），当期純利益39億3,700万円（利益率3.6％），資本金86億1,250万円と，日本，中国事業ともに過去最高の売上高をあげている[2]。

3．サイゼリヤの海外展開

中国出店においては，2003年12月に上海に「上海薩莉亜餐飲有限公司」を独資で立ち上げ，上海1号店（徐家匯地区）をオープンしたのを皮切りに，2013年度8月決算期において，中国本土は，上海エリア（江蘇省蘇州市等を含む）58店舗，広州エリア55店舗，合計113店舗にまで発展した。当初10年

目の目標としていた中国国内店舗100店舗をすでにクリアしている。中国事業の2013年の経営指標は，売上高79億4,800万円，営業利益4億3,300万円となり，そのうち上海サイゼリヤは売上高40億900万円，営業利益1億9,600万円，広州サイゼリヤは売上高39億3,900万円，営業利益2億3,600万円である。

なお，非連結のその他のアジア海外事業は，北京エリア29店舗，香港10店舗，台湾4店舗，シンガポール6店舗であり，非連結の海外店舗は合計で49店舗に達している。2025年までに，中国3,000店舗，アジア3,000店舗にまで事業を拡大することを目標としている[3]。

ヒアリングによれば[4]，サイゼリヤの日本国内店舗展開から海外展開への転換の経緯と動機は，創業者である正垣氏の「おいしくて価値のあるものを，より多くの人に食べてもらう」という理念に基づいて，外食を中国の一部の富裕層だけでなく，一般庶民にも普及し，誰にでも気軽に入れるレストランを作るのが目的だったとされる。このため，日本と同じく現地の庶民の人々が抵抗なく食べられる価格帯にこだわり，カミッサリーの設置等により生産性を高めて，中国などの海外拠点においても，基本的に日本と同じ方式を貫いてきた。海外で低価格を実現できた要因は，サイゼリヤの100％出資の独資で進出したことであったという。独資の場合，すべてを一から創り上げていかなくてはならないという高いハードルがあったが，仮にFCや合弁で進出した場合，日本での経営方針は，現地のパートナーの意見に左右されることが予想され，繁盛店になった場合は現地のパートナーがさらにその関与を強め，価格引き上げ等の要求も提起されることが予想されたであろう。その点で，独資進出が順調な店舗展開の重要な要因であった。

また，比較的順調な店舗展開のもう一つの要因は，立ち上げ要員こそ日本から多数の応援スタッフが投入されたものの，それ以降は，上海サイゼリヤでは設立当初から，中国現地の大学卒や大学院卒の人材を継続的に採用し，日本の経営理念や考え方・チェーンストア技術を活用して人材を育成し，その中から社長を育て完全に中国の会社に育て上げるという方針を貫いてきたことが大きかったとされている。いわゆる「中国で稼ぎ，中国に投入する」

方針がサイゼリヤの方針とされるが，これも成功の一要因といえるだろう。

4．サイゼリヤの経営戦略の特徴

1）日本の経営戦略の特徴

　日本のサイゼリヤの1店舗平均席数は120席で，平均客単価は719円である。ファミリーレストラン業態を同業種と仮定すると，その平均客単価は1,038円[5]で，この点から見てもいかにサイゼリヤの価格設定が安価であるかをうかがい知ることができる。

　一般に，外食業界で売上高とは，「立地」「商品」「店舗面積（席数）」で決まり，店舗売上げは「売上げ＝客数×客単価」とされ，一日の回転率が重視される。

　また，外食産業の売上高経常利益率は全体平均で4.4％，売上高に占める人件費率は25.5％，食材費率は35.0％[6]であるが，サイゼリヤの2009年度の売上高に占める人件費率は25.1％，食材費率は35.5％，売上高経常利益率は4.6％と，一般的係数とほぼ変わりない。

　これにたいして，外食産業の経営指標のもう一つの着眼点は，売上高に占める材料費率（フードコストF）と人件費率（レイバーコストL）の変動費のコントロールを重要視する点である。

　原材料については，サイゼリヤは原材料の安全性のみならず，原材料の輸送，セントラルキッチンやカミッサリー機能を駆使した高い品質の実現等に配慮している。日本では昨今の健康志向から健康食品に関心が高いため，サイゼリヤではとくに葉物野菜の生産と調達に努力している。福島県西白河郡西郷村の農業法人白河高原農場と委託栽培契約を締結し，委託生産した農産物を購入している。また，これらの農産物は種子の開発から，作付け，収穫等の生産計画，使用する肥料・農薬に至るまで厳しい管理が実施されている。

　物流においても，①「温度」，②「湿度」，③（収穫からの）「経過時間」，④「運搬時の振動」，の4点が品質劣化，すなわち食味を大きく左右する点

として重要視している。サイゼリヤが重視するコールドチェーンシステム（採れたての野菜への振動を低減するための工夫，および温度管理を収穫から調理するまで4℃の一定に保つことで野菜の鮮度を保つシステム）を，日本の保冷車による先進的な物流システムにより実現している。

　人気商品のドリアは，品質安定した大量の牛乳を必要とするため，マスメリットを最大限にまで活かすためにオーストラリア工場で一括生産し，その品質と高いコストパフォーマンスを実現している。高品質とコストパフォーマンスを維持しながら売上高材料費率を40％以内（実行原価率は35.5％）に押さえることがサイゼリヤの品質の基準である。しかもこの40％以内という数値は，商品そのものの品質を安価な原材料に置き換えることによって実現するのではなく，あくまでも日々の作業の見直し改善によるものと厳しくルール付けられている。

　また，サイゼリヤの利益を確保するもう一つの大きな特徴は，徹底したレイバーコントロールにある。その売上高人件費率は24％（実行人件費率は25.1％）が基準である。これらを実現させるために，日本国内ではパート・アルバイト中心の体制をとっており，人件費のコントロールは毎週予測される売上高に応じた適正シフトを前週に作成し，週単位で徹底管理され，人件費を抑制している。さらに労働生産性の向上にこだわり，オールラウンドプレイヤー（調理・デシャップ・ホールサービス・レジ作業等をすべて担当できる従業員）を前提とするサイゼリヤ方式は，通常作業におけるすべての導線見直しで作業工程を改善し続けている。例えばキッチンの作業動作では，包丁やフライパンを使うにしても，腕をどの角度で作業すれば合理的に作業効率を上げることができるかまで突き詰める。客席ホールの掃除作業もモップのサイズを改善することによりモッピング作業回数を削減することにまで至る。配膳作業においてもホールサービス時の右回り・左回りのルート取り決めや，トレーを使用しないことで，「トレーを取る・トレーに乗せる・トレーから降ろしテーブルに並べる」の3工程を削減するために，食器の形や大きさ重さまで細部にこだわり，トレーに乗せる動作を省き，直接手で運ぶ

仕組みまで計算されているのである。

2）中国での原材料調達の特徴

中国では当初260席の大型店でスタートしたが，現在は150席店を中心に展開している。中国でのサイゼリヤの2012年度8月期の客単価は，約28元（1元＝17円のレートで476円），中国の一般の外資系レストランの客単価の150～200元，ピザハットの80元に比べると著しく低く，この点は日本のそれと一致している。但し，中国では混雑時の食事において同席・相席をそれほど気にしない特性から一日の回転率より満席率を重視する点は異なる。

中国における原材料管理において，前提条件として克服しなければならない点は，安全面と品質面の担保である。とくに，かつて問題が頻発した残留農薬問題等の安全性には注意を払っている。しかし，日本と中国の使用農薬についての法基準が異なるため，日本国内では使用可能でも中国国内では使用できない農薬や，逆に日本国内では使用禁止の農薬が中国国内では常用農薬のケースもある。使用禁止と認可の基準につては省略するが，あくまでも現地の中国人客に提供することを大前提としているため，現地の中国基準に則り運用することを前提とし，使用農薬問題・残留農薬問題に対応している。

上海エリア近郊での原材料調達と輸送については，日本と中国の輸送サービスの相違が大きな課題となっている。たとえば，中国では，商品の取り扱いが乱雑で，保冷車のレベルも決して高くない。また，指定日時に届かないことも常態化している。しかし，近年，上海では，いくつかの日系流通企業や農業企業，外資大手外食チェーン企業の参入が相次ぎ，これらの問題は徐々に改善されている。さらに，上海市内は電力供給事情も比較的安定しており，冷蔵設備や食材保管に適合した倉庫を保有する運送業者が多数存在している点は問題の解決を速めている。

このように，上海地域では日系大手流通企業および外資大手流通企業による物流網が構築されつつあるが，同じ中国国内でも，例えば，今ひとつの拠点である広州地域においては，こうした日系流通企業の参入がやや遅滞して

いるため，適合業者の選定にかなりの苦労があった模様である。

　ただし，日本のサイゼリヤがこだわる，前述のコールドチェーンシステムの構築については，中国国内での食文化の特性上，生野菜（サラダ）の価値がそれほど重視されないため，優先度の高い管理項目とする必要がなかった点は，中国食品ビジネスの特徴の一つといえるであろう。中国において日本のサイゼリヤが目指すコールドチェーンシステムの構築はこれからであるという。

　また，中国食品ビジネスの今ひとつの特徴として，加工食材の大量の調達において，同じ品質の食品の調達にあたって，大量生産による手間とリスクの増大から，それらのリスクが価格に加算され，大量生産（購入）すればするほどコスト高に至るケースがしばしば見受けられる点が指摘できる。しかしサイゼリヤでは，加工食材に関しても中国国内の日系企業や外資大手外食チェーン企業との連携に成功していたため，品質を維持しつつ，かつ大量購入のメリットを享受することが可能となった。

　たとえば中国で需要の高い鶏肉を例に挙げれば，中国国内の養鶏技術面からも，南方で飼育される鶏と北方で飼育される鶏では，与える飼料，管理温度，給水等すべての環境が異なるため，最終商品（鶏肉料理）の段階で食味が大きく異なる事態が発生する。これは，食材として鶏肉の価値が高い中国では，大きな問題である（鶏肉料理は中国サイゼリヤでは上位の人気商品である）。この問題に対処するため，商品部に鶏肉専門スタッフを配備・増員し，規格とオペレーションの徹底管理体制を実施することで問題に対処してきた。日本と同様に取引先との関係に神経を使い，より良好なパートナーシップを築き上げてきたことが問題解決の重要な要因として指摘できよう。パートナー企業の売上げの絶対シェアを取ることによりマウントポジションを確立し，日本の本来の手法であるマスメリットを最大限に利用することにより，先に述べたような中国特有の「大量生産のデメリット」による高コスト化を回避できたのである。このような地道なエビデンスを踏襲することにより，チェーンストア理論に基づくマスメリットが出るといわれる200店舗をクリアす

るという目標値をしっかり定めている点は、サイゼリヤの強みといえるだろう。

中国の実行原価率（物流費等含む）については、当初は50％を超えていたが、前項で述べたように、商品部の専属スタッフを強化し、改善し続けた結果により、現在ではほぼ基準の40％程度に削減できたという。

3）中国における労働者管理の特徴

周知のように、中国の特徴的な社会政策として「戸籍管理制度」（農村出身者の都市地域への移動規制、中国では「戸口制度」とよばれる）があげられるが、この制度はサイゼリヤ等の外食産業の雇用にも影響を与えている。それは、たとえば上海市内の現地戸籍者においては、パート・アルバイトなどの職位での就業希望が基本的になく、ほとんどの者が正社員を希望する。日本では業種に限らず平日日中は主婦層、夜や土日祝日は大学生がパート・アルバイト従業員を構成しているが、中国国内、とくに上海中心部においては主婦のパートタイム労働希望者がほとんど存在せず、さらに、中国では大学生のアルバイト希望者も多くないのが現状である。このため、上海市内、とくにサイゼリヤが出店している中心地域ではパート・アルバイト雇用での労働力確保が困難となっており、正社員を雇用せざるを得ず、当然人件費コストの上昇がもたらされる。

前述したオールラウンドプレイヤーを前提とするサイゼリヤ方式は、分業制で自分の管轄外の仕事には関与しない中国式と大きく乖離するものがあり、出店初期の260席程度の大型店では、まさにこの分業方式をとらざるをえなかった。しかしこの大型店での分業方式は、ピーク時間における作業効率についてはそれなりの効果を発揮できるが、アイドルタイムの閑散時は完全に人が余る状態になり、レイバーコントロールによる労働生産性の向上は困難であった。

サイゼリヤはこうした状況にたいして、現在の150席程度の店舗へと店舗形態を変えるとともに、採用段階で、中国でも日本と同じく優秀な人材採用

に主眼を置き，オールラウンドプレイヤーを育成することによって対応してきた。また中国社会でよくみられる，他社との賃金比較による人材流出に対応するため，他社の賃金情報の収集に努め，しばしば賃金改定を実施し，運動会や祝いごとの手当てなど福利厚生面の充実で従業員の満足度を高めることで対応してきた。また，正社員においては，こうした努力に加えて，従業員寮の充実に尽力した。一般的に上海近郊の住居は高価で確保は困難である。住居確保が困難であれば人材確保も不可能となるため，従業員寮が必要不可欠となるのである。中国の社員寮は，一般に設備・生活環境の劣るものも少なくないが，快適な環境作りに力を入れてきた。また，戸籍管理法規上，上海への市外からの移住に伴う各種の申請等について，きめ細やかに個別サポートしたことも定着率の高まりには重要な要因となっている。

　給与面においては，一般企業が仕事にたいする評価基準が曖昧であることが多いのにたいして，サイゼリヤでは，スキル習得に応じた賃金の昇給・身分の昇格を明確に提示し，「できたことにたいしての評価」を常に身近に解るよう徹底教育したとされる。たとえば「○○○を達成したら社員に昇格，次は△△△を達成すれば店長に昇格，同，地区統括（4〜5店舗）に昇格，同，エリア統括（20〜30店舗）に昇格」等，努力と成果が昇格と昇給に結びつくことを身近に理解できるように具体的に示した。この明確化はとくに中国人の特性と適合し，活力を上手く引き出したと考えられる。

　これらの諸方策により，定着率を上げ，生産性を向上させ続け，正社員が中心で人件費コストが高いにも関わらず，現在では，日本と中国の実行人件費率はほぼ近い値にある。

5．小括

　本章では，サイゼリヤの中国進出における中国国内戦略について見てきた。現在，日本の多くの外食産業が広大な中国市場でシェアを拡大しているが，困難に直面している企業も多いと報道されている。こうしたなか，「成功」

の定義を中国国内進出後，創業から継続的に出店が加速していることと仮定すれば，本章の対象企業であるサイゼリヤは，現地点では「成功」企業とよべるものと考える。

　この「成功」のポイントは端的に言えば何であったのか。それは，現地事情に適応しながらも，常に独自の日本流を貫き，原材料を調達し，中国国内で人材を発掘・教育し，育成している点であるといえる。つまり，最終的には現地法人の中国人社長を育成し，完全な中国人のレストラン，中国人従業員のための会社となることを目指し，現地化を深めていることが重要であろう。そして，それに，会社の武器としての「おもてなし文化」によるきめ細かな日本流サービス，さらにチェーンストア理論に基づく緻密な計画と行動指針，論理的で正確な係数管理手法が大きな役割を果たしている。

　今後，サイゼリヤが中国および東南アジアを中心とする海外で，いかに受け入れられ，展開していくのかについてさらに注目していきたい。

注
（1）たとえば，川端基夫［1］では，重視するオペレーション・システムとして，①進出先における食材の調達・加工・配送システム，②店舗開発システム，③人材育成システムの3つのサブシステムをあげている。本章でもこれらの先行研究を参考に，①食材調達戦略，②労務管理戦略をとりあげた。
（2）㈱サイゼリヤ　2013年8月期決算説明会報告による。
（3）㈱サイゼリヤ　Ustream会社説明会資料，2011年12月15日による。
（4）本章の記述は，とくに別記がない限り，現地でのヒアリング調査結果による。
（5）外食産業総合調査研究センター［6］によれば，2007年の外食産業の平均客単価は，ファミリーレストラン1,038円，ディナーレストラン2,961円，パブ・居酒屋2,213円，ファーストフード651円，喫茶398円である。
（6）外食産業総合調査研究センター［7］による。

参考文献
［1］川端基夫「外食グローバル化のダイナミズム―日系外食チェーンのアジア進出を例に」『流通研究』Vol.15, No.2, 3～23頁，2013年
［2］㈱サイゼリヤ　2013年8月期決算説明会　コード番号7581　2013年10月10日（第41期2012年9月1日～2013年8月31日）http://www.saizeriya.co.jp/PDF/

irpdf000276.pdf
[3]㈱サイゼリヤ　Ustream会社説明会資料，2011年12月15日　http://www.ustream.tv/recorded/19157054
[4]社団法人　日本フードサービス協会『外食産業データハンドブック2008』2008年
[5]総務省統計局『事業所統計』（平成18年），経済産業省『商業統計』（平成18年）
[6]外食産業総合調査研究センター『外食産業統計資料集2008』2008年
[7]外食産業総合調査研究センター『外食産業市場規模推計値（平成19年）』2008年
[8]山口芳生『サイゼリヤ革命』柴田書籍，2011年
[9]正垣泰彦『おいしいから売れるのではない，売れているからおいしい料理なのだ』日経BP社，2011年

（口野　直隆・大島　一二）

第13章

大手冷凍野菜開発輸入業者の事業所給食事業への参入に関する考察
―山東省青島市の事例―

1．本章の課題

　日本の外食産業市場は1997年の29兆円をピークに低迷を続けている。しかも，近年わが国においては今後人口の減少と高齢化が進行することが予測されており，その低迷はさらに深化すると推測される。

　一方，海外では日本食への意識が高く，海外進出への機運が高まっている。農林水産省の推計によると，2006年に海外では２万4,000店の日本食レストランが存在していたが，2013年３月時点では５万5,000店へと２倍以上に増加している。また，JETROが2012年12月に米国，フランス，中国等７つの国と地域で2,800人に行った調査でも，好きな外国料理を日本食と答えた人（複数回答）が全体の84％を占めトップであった[1]。

　このようななか，わが国では日本食・食文化の普及をいっそう強化している。農林水産省の資料をみると，2012年７月ロンドン五輪ジャパンハウスでのVIPレセプション，2013年４～５月にはロシア，アブダビ等において安倍総理，江藤農林水産副大臣が日本食を直々にトップセールスする等の具体例をあげ，従来にはない日本食・食文化の普及手法を実施していることに言及している[2]。

　こうしたこともあり，日本の外食企業が中国をはじめとする海外に積極的に参入している。ちなみに東洋経済新報社「海外進出企業総覧2012」によると，アジアにおける現地法人数は，飲食店では2005年の41社から2011年の68社へと増加している。

ところが，上述の政府の活動においてもそうであるし，マスコミでの取り扱いもそうであるように，こうした日本の外食企業の海外への参入はサイゼリヤや大戸屋等の多店舗展開を行っている営業給食部門の企業が中心的に捉えられており，集団給食部門についてはほとんど取り上げられることがない。日本の外食産業の給食主体部門は従来からこの2つの区分によって構成されており，しかも注目すべき機能や戦略を有している企業が多数存在するにもかかわらず，である[3]。

いうまでもないが，集団給食を手がける企業が海外に参入していないわけではない。自社の名前を前面に打ち出した店舗を出店する形式ではないためあまり目立たないが，日本の業界大手の日清医療食品のグループ会社が2001年に上海近郊の江蘇省蘇州市に独資で参入しているし，同じく業界大手のグリーンハウスも2007年に北京に現地企業と合弁会社を設立し進出を果たしている。すなわち，2000年以降にその事業を本業としている大手企業が中国大都市およびその近郊を中心に参入している。

ところで，中国の地方都市において外食事業を本業としていない日本の商社が，2014年より中国の地方都市において事業所給食事業に参入しようとする新展開がみられる。日本の外食産業は，第一次，第二次資本の自由化を契機に，当時外食先進国であった米国からチェーン展開のシステムが導入された際，商社をはじめとする非飲食業の主体が多く参入し産業の発展に寄与した経緯を踏まえると，日本政府が日本食・食文化の普及を強化するなか，わが国の外食企業が現地で展開する過程においても看過できない存在になる可能性があると考えられる。また，大都市に比較して未成熟と考えられる地方都市において，あえて参入するということも同時に注目される。

こうした意識の下，先行研究を確認したところ，中国の事業所給食事業はもとより，集団給食部門の事業に日系企業が参入したことを論じた成果は存在しない。

そこで，本章では中国青島市の事業所給食部門に参入を予定している商社を事例に，その事業計画の詳細を調査することによって，対象市場において

第13章 大手冷凍野菜開発輸入業者の事業所給食事業への参入に関する考察

どのようなニーズや特殊性が存在しているのかを明らかにするとともに，同市場において商社が中心的担い手となるのかを検討したい。この研究は中国では統計資料が整備されていないなか，地方都市の事業所給食市場がどのような状況にあるのかを把握するうえで有益であるし，参入企業が既存の本業大手だけにとどまらず，新たに商社も加わることによって日本の食文化（事業所給食システム）の普及がより進展する可能性があるかを検討するうえでも有益と考えられる。また，今後この分野の研究が進展した際には，その事業展開において本業とそれ以外の職種との間でどのような差異があるのかを研究する際の基礎資料にもなると考えられる。

　課題の解明にあたり，まず2では事例企業の概要と進出検討の経緯について述べる。次に3では事例企業より入手した事業計画に関する資料と同社が行った市場調査の結果から対象とする市場がどのような状況にあるのかを考察する。それから4では，3で明らかにした市場に対して，事例企業はどのような事業展開を進めていく予定でいるのかを説明する。そして5では，3と4で明らかになった事実をもとに考察し，中国青島市の事業所給食事業において商社が担い手として大きな役割を果たすか否かについて言及する。

2．事例企業の概要と進出の契機

　本章で対象とするA社は，1980年代より冷凍野菜の開発輸入を行っており，現在わが国でも5位以内に入る大手である。その取扱量は2012年において3万トン弱である。同社の輸入先国は9カ国に上るが，そのなかでも中国が中心となっている。中国での取引先企業は約25社あり，このうち山東省の企業が多いことから同社では青島市に支社を置いている。A社は品質管理室を有した大手開発輸入業者と厚生労働省等の行政が加盟し2004年5月に設立された輸入冷凍野菜品質安全協議会（以下，凍菜協）において中心メンバーとして加盟する等，安全性確保に関する知識・ノウハウにも優れている一面を有する[4]。

冷凍野菜専業の輸入商社であるA社は，2013年に中国の企業2社から青島市での給食事業のパートナーとして打診を受けた。1つの企業は，1980年代より取引があり現在もその取引関係にある冷凍野菜製造企業B社である。この企業は日本をはじめとする海外への冷凍野菜の輸出と中国国内向けの養豚およびその加工品の製造を行っている企業であり，竜頭企業にも認定されている大手である。B社は青島市政府とA社の3者で出資し，青島市内の学校向けに給食事業を行うというプランを持ちかけている段階であり，この事業にはまだ本格的に参入はしていない。

　そしてもう1つの対象企業C社は，以前にA社と取引があった冷凍野菜製造企業の子会社である。同社はすでに青島市内の学校向けと企業向けに給食事業を行っており，市内の業者としては1位，2位を争う規模にある業界大手である。具体的な受託先について述べると，同社は12ヶ所で給食事業を受託しており，そのうち企業と政府機関で7ヶ所，学校が5ヶ所である。1日当たりの食数は，朝2,500食，昼5,800食，夜1,600食の計9,900食であり，2012年の売上は3,121万元となっている。C社は2年前より事業を展開しており，初年度は赤字であったものの2年目（2012年）から黒字に転換している。給食事業を行っているか否かはさておき，このようにA社を理解している現地企業が青島市で給食事業を行うことを持ちかけている。

　そこで中国側がどのようなメリットを取り込みたいと考えているのかを，C社が日本の事例企業A社に提出した合作事業提案書（以下，提案書）をもとに捉えると，①日本の先進的な管理ノウハウの獲得，②セントラルキッチンの設立と運営方式，③日本企業が参加していることによる食の安全面でのイメージアップの3つをあげている。ちなみに，この提案書には①，②の背景として中国内の事業所給食業界は誕生から10年程度の年月しか経っていないとのことが明記されており，日本に比較して業界が未成熟であることがわかる。

　一方，A社においても合弁企業を設立することによって，初期投資が独資と比較して小規模で済むことやパートナーの協力を得られることで政府機関

第13章　大手冷凍野菜開発輸入業者の事業所給食事業への参入に関する考察

との交渉が比較的にスムーズに進むこと，さらには人材も活用できるというメリットがある。また合弁方式の場合，中国側のパートナーとの間にトラブルが発生することが一般的に課題としてあげられるが，冷凍野菜の開発輸入で中国に以前から参入しており支社もあるため対象地域の商慣習をある程度理解しているうえ，提案を受けている企業のこともこれまでの取引関係を通して熟知していることからそのリスクをある程度緩和できるという強みがある[5]。そして，これに加えて本業の冷凍野菜の輸入事業についても安倍政権が誕生してから円安傾向に転じ輸入価格が上昇する反面，末端販路の小売や外食では値下げの状況が続いており，これを転嫁しにくい状況にあることから事業の多角化に着手するという要因も存在している[6]。

3．対象市場の状況

日本の集団給食部門を市場規模でみると，学校給食および事業所給食が中心となって構成されている。一方，中国ではそれぞれを明記した統計資料は存在しないため，本章で対象とする両業界の市場規模の推移を示すことはできない。ただし，先の考察から中国において集団給食が展開されて間もないこと，そしてＣ社が事業開始から２年目で黒字化に成功していることを踏まえると，青島市に限定した話ではあるが，成長期にあると推察される。とはいえ，学校給食および事業所給食の両方が実際にそのような状況にあるのかはもちろんのこと，詳しい概況さえ把握することはできないため以下では入手した資料からこれらのことについて考察する。

１）学校給食
　Ａ社が現地で入手した情報によると，数年前まで山東省の学校（小・中・高校）において学生の昼食は，ア.昼休み時に自宅に一度戻り食事をとる，イ.各人で用意した弁当を食べる，ウ.学校周辺の露店で購入し食べる，エ.学校内の食堂で調理したものを食べるという形態であったとのことである。し

表13-1　青島市内のPTAにおける学校給食への要望

項目	要望の内容
衛生面	作り置きの食材にフタをするなどの害虫対策の実施
調理方法	「煮る・焼く」を中心とした加熱調理の増加 油調料理の低減
メニュー	バリエーションの増加 スープを必ず付ける 温かい状態での提供 メニューの事前公開 メニューの写真公開
味付け・食材	味付けは薄味かつ香辛料の使用の抑制 化学調味料ではなく天然の調味料の使用 ソーセージやタマゴ調理加工品等の既製品は使用せず． 給食会社で加工・調理した食材の提供 調理された肉類が硬すぎる
栄養面	栄養成分の表示・公開 栄養バランスへの配慮
安全面	残留農薬・微生物等の検査の徹底 原材料の供給ルートの開示

資料：A社の提供資料より筆者作成。

かし，アの場合，親子とも手間であること，イの場合，食べるときに冷たいこと（中国ではこのことが大きな問題になるという特殊性がある），ウの場合，不衛生かつ交通面で危険，エの場合，学校関係者の親族などで素人の管理者が運営していることが多く，不衛生，栄養面への配慮がない等の問題があった。そのため，近年では専門の業者に依頼し，学校側で給食を提供しようという機運が高まっているとのことである。JETROにA社が調査を依頼したところ，山東省は9つの地域に分けられ，合計すると学生の数は107.7万人（2010年）にも上るとのことである。A社が青島4区といわれる33万人の学生が存在する地域を対象に調査をした際，25万人（75.8％）が給食を利用しているとのことであり，そのうち食堂を利用した給食の形態が45％，弁当形式での形態が55％とのことであった。

　A社はC社が給食を提供している青島市内の中学校のPTAを対象として実施した工場参観に同行し，そのニーズの把握を行っている。実際にPTA側が給食企業側に対して要求した意見は表13-1の通りであるが，A社によると1食10元程度の食を提供するなかでこれらすべてに対応することは決して容易ではないとのことである。

第13章　大手冷凍野菜開発輸入業者の事業所給食事業への参入に関する考察

　また，中国青島市政府関係者に同社がヒアリングしたところ，中国の法律上外資企業の参入を制限していないが，日系の場合，度々発生する日中国家間の政治問題が影響し，入札の際に参入を拒否される可能性や反日感情の強い父兄からの苦情が懸念されるため，独資での参入は容易ではないとのことであった。さらに提案書の内容には，「学校給食市場は規模が大きいものの競争の水準は異常ともいえる」との記述があり，すでに参入している中国企業であっても市場深耕をさける意識が存在している。そのため，A社もこの分野への参入を次に述べる企業給食事業ほど重視していない。

2）企業給食

　中国では勤務時間中の食は雇用者側が提供するという習慣があるため，以前は企業側が食堂で作った食を提供していたが，不衛生，栄養面への配慮不足という課題を有していた。また食堂管理者が工場経営者の親族や関係者が担当することもあるが，素人の者が担当することが多かったため，食材ロス，不透明な資金管理，食中毒などの問題が発生することがあった。

　しかし，従業員の食への意識の高まりが顕著となってきたことを受けて，今日では外部委託を通し上述の課題に対応する傾向が強まっている。学校給食と同様にA社がJETROに調査を依頼したところ，山東省9地域合計で工場作業員および事務作業員の数は276万人にも上るとのことである。しかも，外資企業が約1万社（従業員数94万人）存在し，なかでも青島市の青島経済技術開発区，青島国家高新技開発区，青島前湾保税港区，青島西海岸輸出加工区，青祖間輸出加工区には日系企業が337社（従業員数は不明）存在しているとのことである[7]。

　青島市内の企業に対して食を供給しているのは，社歴が数年程度で年間売上が1,000～2,000万元程度の小規模な現地の事業者であり，30社程度がその担い手となっているとのことである。つまり，圧倒的なシェアを有する企業や先進的なシステムを有した外資系企業が存在していない。それゆえ，A社およびC社はこの分野に興味を強く有している。

表13-2 青島市城陽区における日系企業の給食提供の状況

		形態1	形態2	形態3	形態4
運営主体	自社	○			
	外部		○	○	
	提供なし				○
一食当たりコスト	10元未満	○	○		○
	10元			○	
企業数（％）		4 26.7	7 46.7	2 13.3	2 13.3
備考		【提供方法】 自社食堂において給食を提供 【工員数】 100〜210名	【提供方法】 自社食堂あるいは弁当により給食を提供 【工員数】 90〜530名 多くは200名超	【提供方法】 弁当により給食を提供 【工員数】 30名・40名と小規模	【提供方法】 1社の一部事業所のみ他社の食堂を利用 【費用負担】 自社が負担（8元/食）

資料：A社提供資料より筆者作成。
注：給食提供の方法が2種類ある企業を含むため，企業数の合計が15社となっている。

こうしたことから，A社は青島市の城陽区に存在する日系企業14社の工場管理者を対象に，2013年に給食に関する現状の課題とニーズの把握を行うべくアンケートを実施している。**表13-2**はアンケート対象となった日系企業における給食提供の状況である。給食提供の運営主体と1食当たりのコストから次のような形態に区分できる。それらは，1食当たりのコストが10元未満で自社の運営により展開している企業（形態1），同じく10元未満のコストで外部の給食会社により運営されている企業（形態2），外部の給食会社により運営されているが1食当たりのコストがアンケート中で最も高額な10元で提供している企業（形態3），一部例外を含むが給食提供を行っていない企業（形態4）である。これらの区分に従ってみると，給食提供において外部の給食会社に委託している企業（形態2，形態3）が半数を超えていることがわかる。また，これらの形態のなかでも一食当たり10元未満に抑えている企業が多い傾向が確認できる。

このような状況のなかで提供されている現状の給食について，問題と感じていることについての意見をまとめたのが**表13-3**である。この質問項目については複数回答とし，13社が回答している。その内容をみると，メニューに問題がある（76.9％），使用食材（原材料）に不安がある，の2つの項目

第13章　大手冷凍野菜開発輸入業者の事業所給食事業への参入に関する考察

表13-3　現状の給食について問題と感じていること（複数回答）

	回答数	回答率（％）
コストが高い	7	15.4
コストが不透明	3	23.1
残飯率が高い	3	23.1
給食を提供する時点で冷めている	2	15.4
メニューに問題がある	10	76.9
衛生面に不安がある	6	46.2
使用食材（原材料）に不安がある	9	69.2
配達時間が不規則	0	0.0
その他	4	30.8
回答企業数	13	100.0

資料：A社提供資料より筆者作成。

表13-4　新しい給食会社のサービスに対して興味をもつ事項の優先順位（複数回答）

	1位	2位	3位	4位	5位
現状よりコストダウン	1	0	1	0	0
給食費または食堂コストの透明化	1	1	0	1	0
日本の栄養士による栄養バランスを管理されたメニュー	0	3	0	1	0
日本輸出向けの残留農薬など問題のない原材料の使用	3	2	0	1	0
日本食・韓国食・洋食など中華料理以外のメニュー	1	1	0	1	1
食品事故に対する保障が厚い	1	1	1	0	0
日本人スタッフ向けの特別日本食弁当（給食）を提供	1	0	0	0	0
従業員への栄養指導	0	0	1	0	1
従業員の下班後持ち帰り用の弁当の配布	0	0	0	0	0
催事・会議などでの特別弁当ないし給食の提供	1	0	0	0	1
その他	2	0	1	0	0
回答企業数	11	8	4	4	3

資料：A社提供資料より筆者作成。

に対して意識が高いことがわかる。日本の事例企業ではメニューに関する事項についてさらに具体的なアンケートを行っており（回答企業10社，複数回答），その結果をみると，味付けが単調である（90％）ということが特段の問題となっていた。また，使用食材（原材料）の問題についても同様のアンケートを実施しており（回答企業9社，複数回答），野菜の残留農薬（77.8％），再利用の油の使用（77.8％），畜肉水産物の抗生物質（55.6％）となっていた。

　この一方で給食会社が新たに参入する場合のサービスに対して興味を有する事項に優先順位をつけて回答してもらったものを集計したのが**表13-4**である。ここでは3位まで回答している企業が4社しか存在しないため1位と2位を意識してみると，**表13-3**の回答に整合するかたちで残留農薬に関す

る意識が特に高いことがわかる。また，栄養バランスについても意識がある程度高い結果がでている。

　以上のことから中国青島市における集団給食業界を捉えると，学校給食市場は成熟段階に入っていると考えられる一方で事業所給食市場はまだ成長期にあると考えられる。また商社側の視点に立つと，参入にあたって直面する課題の大きさは学校給食よりも事業所給食の方が低いうえ日系企業の存在もあることから，この分野の方へ参入するメリットが大きくなっている。そして，アンケート結果をみると，現地の学校給食，日系企業の事業所給食では共通して食材の安全性や栄養バランスに不安を抱えている[8]。

4．事業展開

　先に述べたように，青島市の事業所給食はまだ成長する分野にあると考えられることから，A社ではこの業界への参入を検討している。それにあたり，同社では2010年まで青島市胶南の開発区で営業していた日系の事業所給食企業（以下，D社）の当時の責任者から現地の特殊性をも踏まえた詳細なヒアリングを行っている。A社はその際に得た情報を加味しながら事業展開の構想を練っていることから，以下ではその内容に触れるとともに，同社が3で明らかになったニーズに対してどのような事業展開を想定しているのかを明らかにする。

1）業界の特殊性

　D社は2003年に中国青島市に拠点をおく政府系の大手食品企業と合弁で事業を開始した。ただし，中国の合弁相手は給食事業についてはまったく経験がなかったことから，D社が主導しながら営業を行っていた。事業は青島市胶南の開発区周辺の企業を対象に行い，その規模は2010年時点で1日約7,000食（1食当たり6～7元）であった。D社の当時の責任者によると，この事業において中国ならではの特殊性として次の点をあげていた。

第13章　大手冷凍野菜開発輸入業者の事業所給食事業への参入に関する考察

　第1に，日本では予想できない点での費用が多く発生することである。D社は当時17％もの高い水準で営業利益を得ていたものの，10元程度の商品で利益を出すためには，0.01元単位でのコスト削減が不可欠とのことを指摘している。それはこの費用が特に多く発生するためである。いくつかの例をあげると，弁当箱・箸などの器具類は利用客が無くすのか社員が無くすのかは不明であるが，回収率は60％程度であったことや，調理するための食材を購入してから工場で使用するまでに20％も紛失するケースが存在することがあげられる。また地方政府関係者だけでなく，顧客である企業の担当者からも契約の際（多くは半年に1回）にリベートや接待を持ちかけられることもあるとのことであった。

　第2に，設備への配慮である。中華料理には炒め物などで大量の油を使用することから天井に付着する油の量も多い。これによって設備が劣化するだけではなく，引火して火災を起こすことがある。また，配達の際に使用する車両についても現地では接触事故が多いため，高価な車を購入しても使用できなくなるケースが多いとのことである。設備にかかる費用が大きいことから，これらへの配慮も重要となっている。

　第3に，地方政府との結びつきが必要である。いうまでもなく，行政は企業の行動範囲を規定する法律や条例を制定し，それを監視する役割を担うことから企業はその影響を大きく受ける。中国では地方政府が企業に対して個別対応を行うことが多いので良好な関係を維持することが経営を軌道に乗せるうえで必要であるが，一方で反目すると不当に活動停止などの措置が講じられることもある。ちなみに，D社では野菜の調達コストを削減するために現地の農村から直接仕入れる行動をとっていたが，その際に正式な領収書が発行されないため経理上の処理が困難になるという課題が存在していたものの，地方政府が同社の要請に応じ特別措置を講じた結果，調達先の農村で同社専用の正式な領収書を発行するためのシステムができあがり，その解決に至った経緯がある。

2）事業展開の要点と想定する対応策

　これまでの考察を整理すると，現地において事業所給食事業に取り組むにあたり対応が不可欠な点は，ア）需要をみたすための安全な食材の使用と栄養バランスに配慮したメニューの作成，イ）特殊性の第1に対応するための管理と費用捻出のための対策，ウ）特殊性の第2に対応するための専門知識の習得と対応，エ）特殊性の第3に対応するための人脈づくり，である。

　ア）については，上述の通りA社が中国産冷凍野菜の開発輸入業者であることから残留農薬問題への対応が可能であるうえ[9]，既存の取引先で多角化経営に取り組む企業が存在しているため，野菜以外の輸出用食材も直接調達することが可能である。ただし，栄養バランスに配慮したメニューの作成については専門職の社員がいないため対応が困難である。そこで，A社では日本国内の事業所給食企業に従事したことのあるスタッフを念頭に，専門家を少人数雇用することを検討している。

　イ）の管理面での対策は「人」が重要となる。D社の管理者によると，文化の違いや意識の違いもあり調理担当の中国人スタッフの管理は日本人にはできないため，現地の中国人が担当するのが適切とのことであるが，その管理者を掌握できる「人」も重要とのことである。このことについて，A社では冷凍野菜の開発輸入でも同様の問題に直面し解決してきた経緯があるのでノウハウが蓄積されているうえ，現地で既に給食事業を行っているC社をパートナーに選ぶことによってそのスタッフを指導・教育し対応することが可能となると考えている。また，費用を捻出するためのコスト削減策ではセントラルキッチンの設立を想定している。同方式がコスト削減に寄与することは先行研究［5］で既に述べられているが，原料となる食材を集中管理し，大規模な設備で効率的かつ均一的に調理することが可能となることがその要因である。このことに関してA社では，青島市の開発区において20ムーの敷地にセントラルキッチン，倉庫，物流センターを設立することを検討している[10]。

第 13 章　大手冷凍野菜開発輸入業者の事業所給食事業への参入に関する考察

ウ）に関して，衛生管理のシステムや施設の設計上の留意点については，インターネットや専門誌等で情報公開が進んでいるためそれらを活用して情報を網羅的に収集することはもちろんのこと，D社の元管理者をはじめとする業界の専門家を短期的にアドバイザー契約する形で対応することを検討している。また，青島市ではセントラルキッチンなど建物の設立にあたって，現地の法律や資材の調達に詳しく，実際に施工も設計もできる日系企業が存在している[11]。この企業の業務をみると，事前調査業務，施工管理業務，設計業務等，多方面にわたっている。A社は，こうした専門家の協力を得ながらこの特殊性への対応を検討している。

エ）については，現地で既に事業を行い政府関係者とパイプのある企業ないし，これから進出しようとする地域において政府とのパイプを有している企業と合弁事業を行うことによって解決を図ることが検討されている。A社では日系企業が多く存在する開発区への進出を特に意識している。一方，青島市政府でも他の地方政府と同様に管轄区内の税収をあげるために製造業の誘致政策を掲げており，地域間での誘致合戦が激化するなか，業種に限らず問題となっている工員の食の問題を解決することができれば，誘致が有利になるかもしれないだけに両者の思惑が一致し，連携がとられる可能性がある。

以上のように，A社は3で明らかにしたニーズと業界の特殊性に対して，①従来から取引のある輸出用の農畜産物を製造している企業からの直接仕入れ，②セントラルキッチン設立による効率化，③日本の専門家の助言によるメニュー構成，④政府にパイプを有し，なおかつ信頼できる既存企業との合弁，という事業展開を想定している。

ただし，現段階では業界に特殊性が存在しているうえ本業でもないため，不確実性が高くその事業が将来生み出すキャッシュフローの合計が工場の建設費や運営費等のコスト合計を上回るか否かの正確な評価ができない。それゆえ，A社では段階的な投資を検討している。すなわち，まずは事業を行ううえで最低限の規模で参入し，業界の特殊性やその業務に関する営業経験を一定期間経ることによって直面している不確実性に対応できるか否かを検討

し，ある段階で事業を維持するか，拡大するか，あるいは撤退するかを判断する予定である。そうすることによって，事業計画が予想した通りであった場合に得ることのできる収益を取り逃がすことがないだけでなく，当初の予想よりも高い成長率を達成した際にはより大きな収益を得ることもできる。また，当初の予測とは異なった場合でも，その被害は初期に投下した最小限の投資金額で済むことになる[12]。上述のセントラルキッチンの計画では一日当たり最大5万食を製造できる用地面積を設けているが，まずは5,000～1万食程度の規模を想定して機械等の初期投資を行い，2～3年の期間をもって第1回目の判断を行うとのことである。

5．小括

本章では中国青島市の事業所給食事業に参入を予定している日本の大手冷凍野菜開発輸入業者を事例に，その事業計画の詳細を調査することによって現地の給食市場においてどのようなニーズや特殊性が存在しているのかを明らかにするとともに，同市場において非飲食業の主体が中心的担い手となりうるのかを検討することにあった。事例企業が行ったJETROへのヒアリング，アンケート調査の結果と提案書の内容をもとに考察したところ，次のことが明らかになった。

中国青島市における集団給食業界は誕生からまだ10数年の年月しか経っていないが，学校給食市場は成熟段階に入っていると考えられる一方，事業所給食市場はまだ成長期にあると考えられる。しかも，すでに参入している現地の大手であっても，①日本の先進的な管理ノウハウの獲得，②セントラルキッチンの設立と運営方式，③日本企業が参加していることによる食の安全面でのイメージアップ，の3つを目的に合弁会社の設立を打診していることを踏まえると，中国の事業所給食業界は日本に比較して未成熟であると判断される。特段，セントラルキッチンに関していえば，日本では20年以上も前に確立されている実情に鑑みるとその格差は相当大きいと考えられる。また

第13章　大手冷凍野菜開発輸入業者の事業所給食事業への参入に関する考察

参入に当たって直面する課題の大きさは学校給食よりも事業所給食の方が低いことに加えて，同地域には日系企業も存在しているためこの分野に参入するメリットが大きくなっている。

　事業所給食への参入にあたり対応が不可欠な点は，ア）需要を満たすための安全な食材の使用と栄養バランスに配慮したメニューの作成，イ）特殊性の第1に対応するための管理と費用捻出のための対策，ウ）特殊性の第2に対応するための専門知識の習得と対応，エ）特殊性の第3に対応するための人脈づくり，であった。これに対してA社は，①政府にパイプを有しなおかつ信頼できる既存企業との合弁，②従来から取引のある輸出用の農畜産物を製造している企業からの直接仕入れ，③セントラルキッチン設立による効率化，④日本の専門家の助言によるメニュー構成，という対応を段階的に投資しながら行うことを想定していることが明らかになった。

　この事業展開が成功するか否かは，進出してから数年後の成果を検証することによって判断されるが，合弁の申し入れがある中国の企業や顧客として想定している日系企業からは食の安全性への期待・要望が大きいだけに，これへの対応が成功を収めるうえでの鍵となる。ちなみに，安全な食材の調達（残留農薬に汚染されていない輸出用野菜，抗生物質の問題に対応した輸出用の食肉等）については，日本の冷凍野菜開発輸入業者が行っている業務の延長上にあり既存の取引先から直接調達できるため，日本の事業所給食企業をはじめ他の主体に比較して優位性がある。また運営上対応が不可欠な現地スタッフの管理等も同様である。そして重要となる合弁相手についても日本向けに輸出している冷凍野菜製造企業等の食料品輸出企業が集団給食部門に参入している点も同主体にとって追い風になると考えられる。

　こうした点を踏まえ総括すると，日本の外食産業の発展において商社等の非飲食業の主体が多く参入し産業の発展に寄与したように，中国で日本式の事業所給食を中心とした集団給食が普及・発展していく過程においても非飲食業である冷凍野菜開発輸入業者をはじめとする日本の食料品開発輸入業者（商社）が重要な存在になる可能性は十分ある[13]。それゆえ，この分野の

研究において同主体の動向への注目が必要である。

　もし日系企業による事業所給食事業が一定の成功を収めるのであれば，中国に参入している日系の食品企業や農業分野の企業が製造する食材を使用できるという点で相乗的なメリットも発生すると考えられるだけに，今後日本政府が進める「Made by Japan」の展開や日本食・食文化の普及において日本の集団給食分野の宣伝も検討するべきである。また異国での事業展開においては，上述のように現地の特殊性があることから不確実性が特に高いため，事業計画を練りにくく参入をためらうケースや戦略上の失敗に直面するケースが多々存在すると推測されるが，本章で若干触れた段階的な投資の視点はこれへの対応策として興味深い示唆を与えると思われる。経営学ではリアル・オプションという分野でこのような研究がなされているが，本書で取り上げている分野でもこの視点から日系企業の中国での事業展開に焦点をあてて，それを導入している企業としていない企業との間で成果（収益）にどの程度の差異が発生するか等について研究を行うことが可能であれば，今後同国へ参入を試みる企業に対していっそう有益な示唆を与えることができるのではないか。

注
（1）読売新聞2013年12月2日（月）特別面，19面。
（2）農林水産省食料産業局「食料産業施策について」2013年9月を参照。
（3）外食産業の区分については，食の安全・安心財団「外食産業統計資料集」を参照。これによると，外食産業のうち給食主体部門は飲食店，国内線機内食，宿泊施設が属する「営業給食」と学校給食，事業所給食，病院給食，保育所給食が属する「集団給食」に大別される（1980年代より存在）。なお，事業所給食について論じている成果として引用・参考文献［6］などがある。
（4）凍菜協は輸入冷凍野菜の品質及び安全性の確保を目的のひとつとしてあげており，その実現に向けて日本向け冷凍野菜の残留農薬管理に関する要求ガイドラインを作成し，中国の取引企業に対して安全管理を指導する等の活動を行っている。
（5）こうした経営上のリスクについては，引用・参考文献［1］を参照。
（6）読売新聞2013年12月3日（火）9面には，2014年4月の消費税率引き上げを

第13章　大手冷凍野菜開発輸入業者の事業所給食事業への参入に関する考察

控え，企業が増税分を協調して価格に転嫁する「転嫁カルテル」を結ぶ業界が相次いでいることが明記されている。この点からも川上，川中段階と川下段階でコンフリクトが確認される。なお，これ以外にも主な輸入先国である中国の冷凍野菜製造企業と日本の開発輸入業者との間で日本側の主導権が弱体化するかたちで主体間の関係が変化していることも事業の多角化の背景にあると考えられる。このことについては，菊地［8］を参照されたい。

(7) 日本の事例企業がJETROや中国政府関係者にヒアリングを行った結果による。
(8) 中国の食品安全問題については，引用・参考文献［4］が詳しい。
(9) 2002年に日本で残留農薬問題が発生した後，中国では特に輸出向けの食品の安全性を確保するために官民一体で取り組みがなされている。この詳細については引用・参考文献［7］を参照されたい。
(10) 予算については，用地取得価格が400万元（公開価格をもとにしている），建物設備が1,000万元，車両その他が600万元の合計2,000万元を計画している。
(11) 青島依萊工程管理有限公司等では実際にこのような事業を行っている。
(12) 上述の記述は引用・参考文献［1］・［3］の内容を踏まえている。詳しくはこれらを参照願いたい。
(13) 日本の食料品開発輸入業者は福建省や浙江等の沿岸部の地方都市に多く進出している。そのため，これらの地域を中心に日本の事業所給食が普及する可能性がある。

引用・参考文献

［1］M.アムラム・N.クラティラカ著，石原他訳『リアル・オプション―経営戦略の新しいアプローチ―』東洋経済新報社，2006年
［2］射手矢好雄監修『中国投資ハンドブック』日中経済協会，2012年
［3］入山章栄『世界の経営学者はいま何を考えているのか』英治出版，2012年
［4］大島一二編著『中国野菜と日本の食卓―産地，流通，食の安全・安心』芦書房，2007年
［5］小田勝己『外食産業の経営展開と食材調達』農林統計協会，2004年
［6］菊地昌弥「弁当給食業界におけるボランタリーチェーンチェーン本部の機能」『農業市場研究』第17巻第2号，67〜73頁，2008年
［7］菊地昌弥『冷凍野菜の開発輸入とマーケティング』農林統計協会，2008年
［8］菊地昌弥「食料品開発輸入の転換期―中国産冷凍野菜を事例に―」斎藤修監修，下渡敏治・小林弘明編『フードシステム学叢書第3巻　グローバル化と食品企業行動』農林統計出版，83〜95頁，2014年

第Ⅲ部

［付記］

本研究は科学研究費補助金（課題番号23780237）の助成を受けた。

(菊地　昌弥・竹埜　正敏・古屋　武士)

第14章

まとめにかえて

　本書では，日系食品産業の，中国をはじめとするアジア地域での経営戦略と経営展開について，主に各社における事例調査に基づいて分析してきた。
　第Ⅰ部～第Ⅲ部それぞれについては，冒頭に解題がおかれ，各部のとりまとめを行っているので，ここでは，それを繰り返すことはしない。むしろ，本書の最後のとりまとめと，今後の研究の発展方向を明らかにするために，食品産業に限定することなく，日本企業の中国をはじめとする新興国市場での戦略全般についての既存研究を整理し，これまでの研究成果における，本書で述べてきた食品産業の諸事例の中国ビジネスの位置づけと，意味について整理していこう。
　2000年代初めから，新興国市場における日本をはじめとする先進国企業の戦略展開を研究した天野［1］は，「日本企業などの先進国企業が，新たに成長する新興国市場を相手にビジネスを展開する時にまず課題となるのは，これまで本国で培ってきた製品やビジネスモデルが所得水準などから見れば下位の新興国市場において必ずしも受け入れられるわけでないという点である。」（天野［1］74頁）と指摘した上で，「新興国市場戦略のジレンマ」として，「先進国市場において，先発企業が，自国市場で競争優位を築くために開発競争で鎬を削り，互いに差別化競争を展開すればするほど，自国の上位市場や他の先進国市場で自国と市場条件が類似した市場セグメントでは需要を創造できるものの，下位の新興国の中間層市場への対応に十分な経営資源を割くことができず，成長市場でシェアを獲得することが困難になるという点である。」（天野［1］74頁）という課題を提起している。そして「先発企業にとっての課題は，このジレンマをいかに克服するかという点にあり，先進国市場での開発競争や差別化競争で競争優位を持続しながら，いかに下

位の新興国市場の中間層市場に適切な資源配分を行い，市場浸透化戦略を計画するかという点にあると考えられる。」と結論づけている。この天野の指摘は，今回の我々の現地調査を通じて，第9章のF社の事例など，いくつかの企業で垣間見られた現象で興味深い。

　こうした日本企業の課題を，さらに新宅［3］は，「過剰品質」という視点から説明している。「それは新興国市場における日本製品に共通した問題であり，しばしば「過剰品質」の問題として指摘される。つまり，日本製品は現地市場で求められる品質レベルよりも高すぎる品質を提供しており，それが高価格の原因となっているという問題である。」（新宅［3］56頁）。さらに，新宅はこの点を踏まえて，新興国市場開拓に必要な製品戦略として以下の3点をあげている。それは，①品質を見切った低価格製品の投入，②品質差の見える化―新興国での高付加価値戦略，③メリハリのつけた現地化商品―差別化軸の転換，である。このうち①は，品質設計の根本的な見直しによる低品質化を実現し，コスト削減（＝低価格化）を実現するというものである。また②は，「目に見える価格差だけが浮き彫りになり，目に見えない品質差は矮小化されてしまう」（新宅［3］62頁）危険を回避するため，品質差の可視化を徹底することを指す。さらに③は，新興国といっても，たとえば中国市場とインド市場における消費者のニーズはまったく異なるため，その市場に適合した現地化商品の開発を目指すというものである。こうした指摘は，まさに本書で問題にしている中国市場における食品産業の経営販売戦略に大きく関わっているということができよう。

　これらの議論を踏まえて，守［6］は，①標準化戦略，②現地化戦略，③地場企業との戦略的提携，を日系企業の中国市場戦略の要点として指摘している。つまり，①の標準化戦略とは，日本で培った経営資源（研究開発，製品開発，販売ノウハウ等）を中国市場展開で活用することであり，②の現地化戦略とは，中国市場の構造を調査し，自社の優位性が発揮できそうなターゲット市場を絞り込んだうえで，日本で培った経営資源を生かしつつも，中国市場の実情に合わせて現地化することである。またさらに，潜在的ニーズ

第14章　まとめにかえて

を顕在化することで新市場を創造することも含まれるとしている。そして，③の地場企業との戦略的提携の活用では，競争優位を有する中国地場企業と戦略的提携を行い，日本企業が有しない市場リサーチ，対応能力を強化するとしている。

　この守［6］のとりまとめについては，本書で報告されてきた研究成果にあてはめてみれば，概ね妥当なものであると考えられるが，以下の点については，なおいくつかの修正が必要であろう。それは③の「地場企業との戦略的提携」についてである。本書の第9章で指摘されているように，中国市場への参入を成功させる重要なツールとして台湾企業との合弁や協力が欠かせないという事実がある。これは誉［4］および『東洋経済』［2］など多くの論考で指摘されている。また，かつて1990年代初めに，日系企業の華南地域での企業展開において香港企業が大きな役割を果たしたことも，これまで我々が現地で体験した明白な事実であった（『ジェトロセンサー』［5］等）。また，いくつかの章で述べられているように，生産，販売過程等における現地日系企業との提携も，今後の中国市場での生き残りのために欠かせない要素である。

　そこで，本章のとりまとめでは，③の地場企業の概念を，台湾・香港企業，さらに現地日系企業にも拡大し，A. 中国大陸の企業との提携，B. 香港・台湾企業との提携，C. 現地日系企業との提携，に分けて評価したい。この分類は，先の守［6］の指摘に基づけば，Aの中国国内企業との提携は，競争優位を有する中国地場企業との戦略的提携によって中国市場シェアの拡大を図ることを意味し，Bの台湾・香港企業との提携は，日本企業が有しない市場リサーチ，対応能力を台湾・香港企業との提携によって獲得することを意味していると考えられる。さらにCの現地日系企業との提携とは，主に領域の異なる企業間の提携，たとえば，食品製造メーカーと日系流通企業との提携，あるいは食品製造メーカーと日系小売業との提携などをさす。この日系企業との提携は，本書で述べてきたように，代金回収問題などの取引費用の削減に一定の効果があると考えられよう。

表14-1 事例企業の中国市場戦略の展開

企業	進出目的の変化	標準化戦略	現地化戦略	地場企業との戦略的提携			製品・サービスの特徴
				中国国内企業	台湾・香港企業	現地日系企業	
第3章 朝日緑源社	進出当初から中国市場での販売を目的とする、大規模農業のモデル事業の構築	日本の製造ノウハウ、循環型農法の応用による安全・安心な製品生産	研修型経験者の活用による先進的生産技術の定着	中国系小規模小売店にも販売を拡大		日系素材企業からの資材供給、および日系スーパーとの販売上の提携	安全・安心な高品質お値ごろチルド牛乳、野菜の生産、販売
第4章 D社	日本向け生産基地から、中国内販向けに駐在日本人向け販売への変化	日本に由来する有機野菜生産技術の活用、国際的な有機認証の取得	現地認証の獲得				国際有機認証を取得した高品質野菜の生産・販売
第5章 ペシンタベル社	進出当初から中国市場での販売を目的とする	日本に由来する養菜生産技術の活用	現地ホテル・スーパーにした販売戦略、現地高所得者を対象とした販売戦略の展開			流通における日系運送企業との提携	ホテル・飲食店のニーズにあった、安心安全の商品開発
第6章 Y社	日本・欧米市場向け生産基地から、中国内販向け基地を志向	農薬を使用しない原材料の調達	パン業者等を対象としたセールスプロモーション実施、アンテナショップ等の設置				日本国内で流通する製品と同行程の検査を実施
第6章 X社	日本・欧米市場向け生産基地から、中国内販向け生産基地を志向	トレーサビリティーシステムを可能にする中国国外からの原材料調達	現地外食企業向け新製品開発	代金回収を現地問屋に委託			高度な加工水準、安全・安心を前面に出して日本品質をアピール
第7章 NI社	日本市場向け生産および中国内販向け生産の併存	原材料および製品を品質保証センターで検査	中国向け商品開発によるアイテムの充実	中国側合弁相手の系列企業からの豚肉を調達		中国進出日系外食企業への原料供給	輸出、中国内販による共存共栄ルートッジ
第8章 キッコーマン社	進出当初から中国市場での販売を目的とする	高い技術力により各国でつくられる製品の品質・規格・味を統一	日本の食文化の普及を掲げ、和食・醤油の普及活動を展開		中国市場に明るい台湾系企業との合弁で進出		様々なツールを利用した日本食文化の紹介による需要開拓

200

第14章　まとめにかえて

	進出目的	製品・生産戦略	中国市場への新商品開発・販売戦略	中国側パートナー戦略	人材戦略	その他戦略	日本向け製品の中国国内向け商品への改良
第9章 SLT社	日本市場向け生産基地から、中国内販向け生産基地へ転換中	日本技術に基づく高品質・高機能製品の生産	中国人鍋市場への参入のための新商品の開発	中国側合弁相手企業が商品セールス、代金回収を担当			日本向け製品の中国国内向け商品への改良
第9章 FC社	進出当初から中国市場での販売を目的とする	日本技術に基づく高品質・高機能製品の生産	中国における製菓・製パン職人不足に対応した商品開発		中国製パン業界に明るい台湾系企業と提携、総経理に台湾人を抜擢		ショールームの開設による提案営業
第10章 シェ・シバタ	進出当初から中国市場での販売を目的とする	日本技術に基づく高品質・高機能製品の生産	パティシエ自身が定期的に店舗巡回し、品質・経営管理を実施	中国人パートナーとの協力			中国にない高級手作りケーキの製造・販売
第10章 ノーブルツリーズ	日本市場向けおよび中国内販向け生産の併存	日本技術に基づく中国にあまり存在しない製品の導入	現地コーヒーチェーン等への販売拡大を推進				中国にあまり存在しない独自の冷凍ケーキの製造・販売
第11章 CoCo壱番屋	進出当初から中国市場での販売を目的とする	日本独自のカレー製品の開発	メニューの多品目化			店舗展開における日系食品メーカーとの協力	あえて現地の嗜好に合わせず、日本と同じ味と品質を維持
第12章 サイゼリヤ	進出当初から中国市場での販売を目的とする	独自のメニュー開発、原材料調達、労働管理ノウハウの蓄積	メニューの多品目化			原材料調達における日系企業との連携	低価格設定による顧客開拓
第13章 A社	進出当初から中国市場での販売を目的とする	日本の先進的な管理ノウハウの獲得、食の安全面でのイメージアップ	現地スタッフの管理水準の向上	地方政府、合弁相手との結びつきの強化		日本の冷凍野菜開発輸入業者との提携	成長期にある中国事業所給食業界への参入

資料：筆者作成。

これらの点をふまえて，本書で述べてきた日本企業各社の中国戦略の事例を整理すると以下のようになろう（**表14-1**参照）。

　また，この**表14-1**には，見逃すことができない論点として，本書でしばしば言及してきた中国進出目的の変化を掲載した。本書のタイトルとして『日系食品産業における中国内販戦略の転換』と掲げたが，まさに本書の論旨にかかわる論点である。

　本書のいくつかの章でも指摘され，よく知られているように，1990年代を中心とした日系企業の中国進出の主要目的は，安価な原材料・労働力を活用した，日本・欧米市場への生産基地として中国を位置づけることであった。

　しかし，2000年代以降においては，こうした事情は大きく変化している。中国における急速な経済発展による賃金・諸資材の価格上昇，さらには人民元高は，中国の輸出製品のコスト高をもたらし，輸出メリットの急速な縮小をもたらした。この一方で，経済発展による国民の所得向上は巨大な購買力を造成し，中国の市場としての価値を高めたのである。

　このまさに「世界の工場から世界の市場へ」という大きな変化の中で，各調査対象企業が中国進出目的をどのように変化させているのか，この論点は重要なものである。以下，企業ごとにみていこう。

　この**表14-1**からは，以下のような共通する特徴点が指摘できる。

①進出目的の変化においては，当初日本向け輸出を目的としていた企業が，中国市場向けに大きくシフトしていることがわかる。また，外食企業などを中心に，当初から中国市場向けに進出した企業も少なくない。

②日系企業の標準化戦略においては，ほぼ共通して「日本技術に基づく高品質・高機能製品の生産・販売」があげられる。これは日系企業の強みと考えることができよう。

③現地化戦略としては，企業ごとにかなり多様性がみられる。

④地場企業との戦略的提携では，その企業の戦略に応じて，中国地場企業，台湾系，現地日系企業と多様な提携・協力関係を結んでいることが明らかになった。

第14章 まとめにかえて

表14-2 事例企業の中国現地化戦略を展開するうえでの課題と対応

企業	代金回収問題への対応
第3章朝日緑源社	日系スーパーへの販売を強化、前金制の導入
第6章X社	代金回収を現地問屋に委託、前金制の導入
第7章NI社	日系外食企業への販売の強化
第9章SLT社	合弁相手企業が代金回収を担当
第9章FC社	業界に明るい台湾系従業員を担当に選任

資料：筆者作成。

そして，本書では，しばしば現地化戦略の推進において克服すべき課題として，中国市場特有の課題といってもよい代金回収問題についてとりあげてきたが，この点については表14-2のように整理することができよう。

表14-2によれば，この代金回収問題への対応としては，①取引相手を日系企業に限定する方法，②前金制の導入，③現地状況に明るい中国系，台湾系等の企業，担当者への委託，などが行われている。このうち，①については，比較的有効な方法であるものの，販売対象が限定されることから，市場開拓面で課題を残す可能性が高い，②については，①と同様に，市場開拓面で課題を残す可能性が高い，③については，こうしたパートナーを確保することが難しい，などの課題もなお残される。

このように，中国市場は，まさに多様性，重層性を有した巨大市場であり，そこへの参入にはさらに詳細な戦略立案が求められている。今後，中国，東南アジアに展開する日系食品産業がどのような戦略でこれらの市場を攻略していくのか，さらに研究を続けていく必要があろう。

参考文献

[1] 天野倫文「新興国市場戦略論の分析資格—経営資源を中心とする関係理論の考察—」『JBIC国際調査室報』第3号，69〜87頁，2009年
[2] 「商社（中国は台湾から攻める）」『週刊東洋経済』(6349)，50〜51頁，東洋経済新報社，2011年10月1日
[3] 新宅純二郎「新興国市場開拓に向けた日本企業の課題と戦略」『JBIC国際調査室報』第2号，53〜66頁，2009年
[4] 誉清輝「中国における日台自動車部品メーカーのアライアンス戦略について」『城西大学経営紀要』第8号，53〜62頁，2012年3月

第Ⅲ部

［5］「香港　ビジネス機会をとらえる香港企業の不断の努力（特集3　再点検：中国の投資環境）」『ジェトロセンサー』50（597），62～63頁，日本貿易振興会，2000年8月
［6］守政毅「日系企業の中国市場戦略—「新興国市場戦略のジレンマ」と戦略構築の視点から—」中国経済経営学会第1回全国大会自由論題セッション2「日系企業の経営戦略」2014年11月9日（東京大学）における報告。

（大島一二・金子あき子）

執筆者紹介

【編者】

大島　一二（おおしま　かずつぐ）：監修者，第1章，第2章，第3章，第5章，
　　第7章，第9章，第12章，第14章
1959年，長野県生まれ，桃山学院大学経済学部教授
主要著書・論文：「アジアにおける農産物貿易の動向―日中貿易を中心に―」『開発学研究』（第25巻第1号，2014年）日本国際地域開発学会，「中国の農業・農村における「水」問題の現状と課題」『桃山学院大学経済経営論集』（第54巻第2号，2012年）桃山学院大学総合研究所，『中国「調和社会」構築の現段階』（分担執筆，アジア経済研究所，2011年），『中国改革開放への転換―「一九七八年」を越えて―』（分担執筆，慶應義塾大学出版会，2011年），「中国における三農問題の深化と農民専業合作社の展開」（『農業市場研究』，第19巻第4号，2011年），「中国農業・食品産業の発展と食品安全問題―野菜における安全確保への取り組みを中心に―」（『中国経済研究』第6巻第2号，2009年），『現代アジア研究1―越境』（分担執筆，慶應義塾大学出版会，2008年），『中国野菜と日本の食卓―産地・流通・食の安全・安心―』（編著，芦書房，2007年），「農産物貿易にみる東アジアの相互関係―貿易の拡大と「連携」の必要性―」（『農業経済研究』第79巻第2号，2007年）

菊地　昌弥（きくち　まさや）：第Ⅰ部編集担当，第5章，第13章
1977年，秋田県生まれ，東京農業大学国際食料情報学部准教授
主要著書：『フードシステム学叢書第3巻　グローバル化と食品企業行動』（分担執筆，農林統計出版，2014年），『日本農業市場学会研究叢書№13　中国農業の市場化と農村合作社の展開』（分担執筆，筑波書房，2013年），『冷凍野菜の開発輸入とマーケティング戦略』（農林統計協会，2008年）

石塚　哉史（いしつか　さとし）：第Ⅱ部編集担当，第2章，第6章
1973年，神奈川県生まれ，弘前大学農学生命科学部准教授
主要著書：『岩木山を科学する』（分担執筆，北方新社，2014年），『わが国における農産物輸出戦略の現段階と展望』（編者，筑波書房，2013年），『食料・農業市場研究の到達点と展望』（分担執筆，筑波書房，2013年）

成田　拓未（なりた　たくみ）：第Ⅲ部編集担当，第4章
1978年，青森県生まれ，東京農工大学大学院農学研究院助教
主要著書・論文：『新自由主義下の地域・農業・農村』（分担執筆，筑波書房，2014年），『中国農業の市場化と農村合作社の展開』（分担執筆，筑波書房，2013年）「台湾りんご市場とわが国産地流通主体の輸出対応の現段階」（『農業市場研究』第21巻第2号，2012年）

【執筆者（執筆順）】

佐藤　敦信（さとう　あつのぶ）：第3章，第7章
1980年，神奈川県生まれ，青島農業大学外国語学院外籍教師
主要論文・著作：「台湾向け日本産桃における輸出環境の変化と山梨県の対応―特定病害虫検出問題と原発事故問題を中心に―」『農業市場研究』（第23巻第1号，2014年），『日本産農産物の対台湾輸出と制度への対応』（農林統計出版，2013年）

金子　あき子（かねこ　あきこ）：第5章，第9章，第14章
1983年，広島県生まれ，桃山学院大学大学院経済学研究科博士後期課程。
主要論文・著作：「日系農業企業の海外事業展開―ハルディン社の事例を中心に―」『農業市場研究』2015年。「日系農業企業の中国国内生産と販売戦略にかんする一考察―朝日緑源を事例として―」『農林業問題研究』，第195号50（2），2014年。

董　永傑（とう　えいけつ）：第8章
1962年，中国黒龍江省生まれ，上海大学外国語学院副教授

チョウ　サンサン（ちょう　さんさん）：第9章
1989年，中国山東省生まれ，桃山学院大学大学院経済学研究科博士後期課程
主要論文・著作：「中国建築業における労働組織の研究―青島市Aプロジェクトにおける「包工頭」の役割―」，『農業市場研究』第23巻第2号（通巻90号），2014年9月

根師　梓（ねし　あずさ）：第10章
1983年，大阪府生まれ，東京農業大学非常勤講師
主要論文・著作：『わが国における農産物輸出戦略の現段階と展望』（分担執筆，筑波書房，2013年）「煎茶需給動向の変化による原料供給産地への影響と今後の対応―高知県産緑茶を事例として―」（『農業市場研究』第21巻第4号，2013年），「国内の緑茶飲料原料茶葉供給における企業間取引の成立条件」（『農村研究』第114号，2012年）

西野　真由（にしの　まゆ）：第11章
1971年，茨城県生まれ，愛知県立大学外国語学部准教授
主要論文・著作：「中国における研修生派遣企業に関する一考察―中国山東省青島市の事例より―」『農村生活研究』第57巻第1号　通巻146号　2013年，「中国山西省における「生態移民」政策に関する一考察―山西省呂梁地区中陽県の事例より―」『愛知県立大学外国語学部紀要（地域研究・国際学編）』第40号，2008年

口野　直隆（くちの　なおたか）：第12章
1968年，大阪府生まれ，桃山学院大学経済学部兼任講師
営業本部パートナーズ有限会社代表取締役

竹埜　正敏（たけの　まさとし）：第13章
1956年，北海道生まれ，富士通商株式会社取締役兼品質管理室長
主要著書・論文：『我が国における食料自給率向上への提言［PART2］』（分担執筆，筑波書房，2012年），「中国における日本向け冷凍野菜の輸出価格高騰の一因に関する考察」（分担執筆，『農業市場研究』第21巻第2号，2012年）

古屋　武士（ふるや　たけし）：第13章
1987年，大阪府生まれ，株式会社第四紀地質研究所
主要著書：『わが国における食料自給率向上への提言［PART 3］』（分担執筆，筑波書房，2013年）

日本農業市場学会研究叢書 No.15

日系食品産業における中国内販戦略の転換

定価はカバーに表示してあります

2015年4月15日　第1版第1刷発行

監修者	大島一二
編著者	大島一二・菊地昌弥・石塚哉史・成田拓未
発行者	鶴見治彦
	筑波書房
	東京都新宿区神楽坂2-19　銀鈴会館　〒162-0825
	電話03（3267）8599　www.tsukuba-shobo.co.jp

©大島一二・菊地昌弥・石塚哉史・成田拓未　2015 Printed in Japan
印刷/製本　平河工業社
ISBN978-4-8119-0464-1 C3033